元町家具屋の今昔物語

横浜クラシック家具・ダニエルのあゆみ

高橋保一

諸悪莫作

衆善奉行

しょあくまくさ

しゅぜんぶぎょう

もろもろの悪をなすことなく　もろもろの善をなす

『七仏通誡偈《しちぶつつうかいげ》』より

はじめに――ものづくりの技とこころを受け継いで

株式会社ダニエルが誕生して、来年で50周年を迎えます。前身の湘南木工株式会社、その母体となった山本木工所まで遡ると100年を超える歴史です。

ダニエルの創設者である私の叔父・咲寿武道《さくじゅたけみち》とその後を継いだ私・高橋保一《たかはしやすかず》は、この間、横浜を拠点に、一貫して良質なクラシック家具の製造と販売に専念してまいりました。その志は、長男の咲寿義輝《さくじゅよしてる》に受け継がれていくものと確信しております。

大型家具店、ホームセンターが安価な商品を販売する中、無垢材を使った手づくりの家具を作り続けるのは容易ではありません。

そんな厳しい環境を乗り切って現在に至るのは、提供している家具に対する自信と、その商品を通じて、お客様、取引業者の皆様、職人、社員との信頼関係を築いてきたからにほかならないと考えています。

世間を見渡すと、表向きは立派に見えても実態はお粗末な企業が多々あります。そのような企業に欠けているのは人づくり、人と人との信頼関係づくりではないでしょうか。近年問題を起こした企業の動向を見ると、商品を購入している消費者や、そこで働いている社員への配慮がまったく感じられません。社会全般に、ものづくりへの愛情、人づくりへの情熱が欠如しています。たいへん残念です。

家具業界も似たような状況が見られます。大手企業ほど自社の内部事情や実利優先に走っていると感じるのは私だけでしょうか。これでは伝統を守りながら時代を先取りしたデザイン開発や製造技術の進化に努めているメーカーや、研究者、職人、自社製品を愛して日々販売活動に勤しんでいる販売会社、営業社員はたまったものではありません。そして、その最大の被害者は消費者なのです。

飲料メーカーの営業社員から家具業界に転身した私は、叔父の武道をはじめ、多くの先輩や才能豊かなデザイナー、技術者の皆様から教えを受け、ダニエルを率いてどうにかかここまでたどり着きました。

そんな経験から私は、企業経営の本質は人と人との信頼関係を築くことにあると確信しています。お客様と会社の関係はもとより、経営者と社員、グループ企業、取引先とのよい関係づくりが、よい製品づくりに直結します。

ダニエルは、横浜クラシック家具づくりを通して生活の豊かさ、快適さのお手伝いをしています。当社の誇りは、生活に役立つ道具を自ら考案し、よりよく安全で安心な品質を、お求めやすい購入価格に少しでも近づけようと企業努力を続けていることです。

「ダニエル家具は家族のパートナー」

このものづくりへの誇りと愛着を、製作や修理にあたる技術者、販売に従事する営業社員、さらに提携先の社員まで一人ひとりが共有し、情熱を持って製作、販売しているのです。

ダニエル家具の特徴は手仕事の素晴らしさと新しいライフスタイルの提案です。よい家具で豊かな暮らしを送っていただくために、生産から販売、流通の三位一体で信用と真のクオリティーを追求しています。ダニエルの全製品に刻印されているダニエルマークは、ハイクオリティを保証する信頼のマークでもあります。

海外提携メーカーの英国・アーコール社、米国・スティックレー社等もまた、ダニエルと同じものづくりの精神と、高いクォリティーで豊かな生活環境を目指し、日々努力している企業です。日本市場において彼らの素晴らしい商品をご提供させていただくことで、海外で培われた本物の商品と精神をご紹介しています。

最近ご要望の多いオーダー家具もダニエルの仕事のひとつです。

経験豊富な専門のインテリアデザイナーが室内の空間づくりから家具まで、トータルインテリアコーディネートのベストプランをご提案します。また、増・改築などのリフォームのご相談もぜひ、ダニエルをご利用ください。

さらにダニエルでは、良いモノ、愛着あるモノを永く使うための修理・修復部門の「家具の病院」や、職人の育成のための「家具の学校」を開講しました。

私たちは、修理して使いたい、モノへのこだわりと愛着を通して心と愛情を次世代へ継承していきたいと考えております。

本物の家具づくりと新しいライフスタイルをご提案していくことで、暮らしの豊かさと楽しさをトータルに考えた製品やサービスを、今後もご提供してまいる所存です。

ダニエルの歴史は、横浜クラシック家具の歴史と歩みを一つにしています。

本書はダニエルの誕生と成長を通じて、横浜の西洋家具づくりの伝統がいかに受け継がれていったのか、「元町家具屋」の視点から語ることができればと考えています。
さらに本書が、この困難な時代の中、ものづくりに真摯に取り組み、人と人とのつながりを大切にする同じ志を持った方々への、及ばずながらのエールとなれば幸いです。

令和三年十月

㈱ダニエル　代表取締役会長　高橋保一

横浜クラシック家具・ダニエルのあゆみ

元町家具屋の今昔物語

目次

私の生い立ち――イズミ家具インテリアに入社するまで

第2章　ダニエルの誕生と躍進

ダニエル誕生

ダニエルの躍進

ダニエルの深化

第3章　百年家具　ダニエル

ダニエルの百年家具

百年家具はこうして作られる

ダニエルの定番家具

特注家具&リフォーム

家具の病院

第1章

横浜クラシック家具の歩みとともに

横浜クラシック家具

ダニエル職商人の心

我々はいい加減な物を作ったり、駆け引きで其の商才を発揮したり、お世辞を言ったり、値引き競争をする職商人であってはなりません。

生産と流通に直接タッチし、又はその知識を十分に持って、消費者の利益を代弁する職商人が我々の求める姿なのです。

利益は生産と流通システムの中で発生し、それにふさわしい活力と機能と役割を果たした時に保証されるものです。

横浜生まれの【ダニエルの家具】は、伝統と歴史に現代性を兼ね備え、変貌する時代にも左右されず、受け継がれていきます。

消費者の生活環境文化の向上に、製販一体となって相互理解を深め、誠意を持って、豊かな人間性のある生活環境を実現して参りましょう。

社員斉唱

現場行動規範事項

礼節ハイの遂行・整理・整頓・清掃・清潔
目配り・気配り・親切に・お陰様・有難う

＊常に相手の身になって、感謝の心で行動しよう。

株式会社ダニエル企業理念

わが社は相互信頼を基調とした格調高い製品と、心かよったサービスで、多くの人々に愛される家財としての家具を製販一丸となって世界一のダニエル企業を目指して、やる気と誇りをもって、活力ある企業体を築く。

経営の基本方針

お客様優先の精神に徹する
最良の商品・最良の品質・最良の人格の高揚
自己啓発を進め、各々の資質を活かす
適正な利潤の確保と企業発展の基盤づくりの
三位一体【お客様・社員・会社】を目指す
ダニエルで働く社員は家族の一員である

横浜西洋家具との深い絆

日本近代建築の父・ジョサイア・コンドル

ダニエルと横浜家具の歩みを語るには、英国人建築家ジョサイア・コンドルの話から始めなければなりません。コンドルと私の先祖が姻戚関係を結んだからです。

コンドルはいわゆる「お雇い外国人」として招聘され、幾多の日本人建築家を育てて「日本近代建築の父」と呼ばれる人物です。自身も数多くの作品を設計し、最も有名なのは鹿鳴館（1940年取り壊し）ですが、現存しているものでも、ニコライ堂、岩崎久弥邸、岩崎弥之助邸、三井倶楽部、三菱一号館（取り壊し後、復元）など重要文化財級が並びます。

倒幕時代から近代化を歩みだした明治政府は、ヨーロッパに出向いて西欧建築家を招聘し、国内初の工業技術教育機関であり、現在の東京大学工学部の前身のひとつである工部大学校を開設しました。1873（明治6）年の開校時には、化学・機械・鉱山・造家（建築）・電信・土木・冶金などの学科があり、3期6年制のカリキュラムが組まれました。東京駅を設計した辰野金吾《たつのきんご》、赤坂離宮の片山東熊《かたやまとうくま》、他に曽禰達蔵《そねたつぞう》、佐立七次郎《さたちしちじろう》という黎明期の西洋建築を支えた建築家4名が、造家学科の第一期生として学びました。

1877（明治10）年に、お雇い外国人として造家学科教授に招聘されロンドンからやってきたコンドルは、当時24歳。ロンドンのサウスケンジントン美術学校とロンドン大学で学んだ才英で、その博識は建築論、歴史、構造までと幅広いものでした。

彼が熱心に学生に伝えたようとしたのは建築の本質についてでした。建築の本質は「美」にあり、その美はゴシック建築などクラシックな建築様式の中にあると彼は考えていました。そのため様式についての教育は最も重視され、歴史的な事情をはじめ、それぞれのスタイルの特徴と意味がこと細かに教えられました。

ジョサイア・コンドル

日本の学生への教育に燃えていたコンドルでしたが、その人柄はおだやかで、目にはいつも遠くを見ているような深い光をたたえ、学生に接するときも日本の人々や文化への敬意にちかいものさえ含んでいたと言われています。

実際、コンドルは日本文化を愛し、深く傾倒していました。浮世絵師として当時絶大な人気のあった河鍋《かわなべ》暁斎《きょうさい》に弟子入りし、日本画の手ほどきを受けていたのは有名な話で、日本文化に関する著書も発行しています。

コンドルと高橋家・咲寿家

ところで、私の姓は高橋ですが、叔父でダニエルの創業者である武道は咲寿《さくじゅ》という珍しい姓を名乗っています。私の長男・義輝も武道の養子に入り、咲寿姓となりました。

咲寿家と高橋家は一心同体とも言える関係にあり、また、ジョサイア・コンドルとも強い絆で結ばれています。

コンドル邸

日本を敬愛していたコンドルは、菊川金《きくがわきん》蝶《ちょう》という師匠について日本舞踊を習っていました。金蝶は内弟子の前波《まえなみ》くめを、コンドルの自宅（東京・三河台〈現・六本木〉）に出稽古（家庭教師）に派遣していました。その縁で1893（明治26）年に二人は結婚し、くめの姉の娘・前波ヤエ（父は芝中学校創設

ジョサイア・コンドルとその家族（上段左端がコンドル、右隣が妻・くめ。前段左端が養女ヤエ）

に尽力した書道家・樋口便孝《ひぐちべんこう》）を養女に迎えます。

コンドルの東京の自邸に高橋道保《みちやす》という執事がいました。道保は１８５３（嘉永６）年東京麻布の生まれ、私の曾祖父にあたる人です。道保の長男・保がくめの養女ヤエと結婚し、コンドル家と高橋家は姻戚関係で結ばれることになりました。保とヤエは私の祖父母になります。

祖父の高橋保《たもつ》は、１８８２（明治15）年生まれ。帝国海軍の大佐で、退役後麻布に郵便局を開設しました。保はヤエとの間に、正《まさ》道《みち》、武道《たけみち》、守道《もりみち》という３人の男子を儲けました。長男・正道は私の父です。次男の武道は、横浜家具の復興に力を注ぎ、ダニエルの創業

ジョサイア・コンドル、咲寿家、高橋家関連家系図

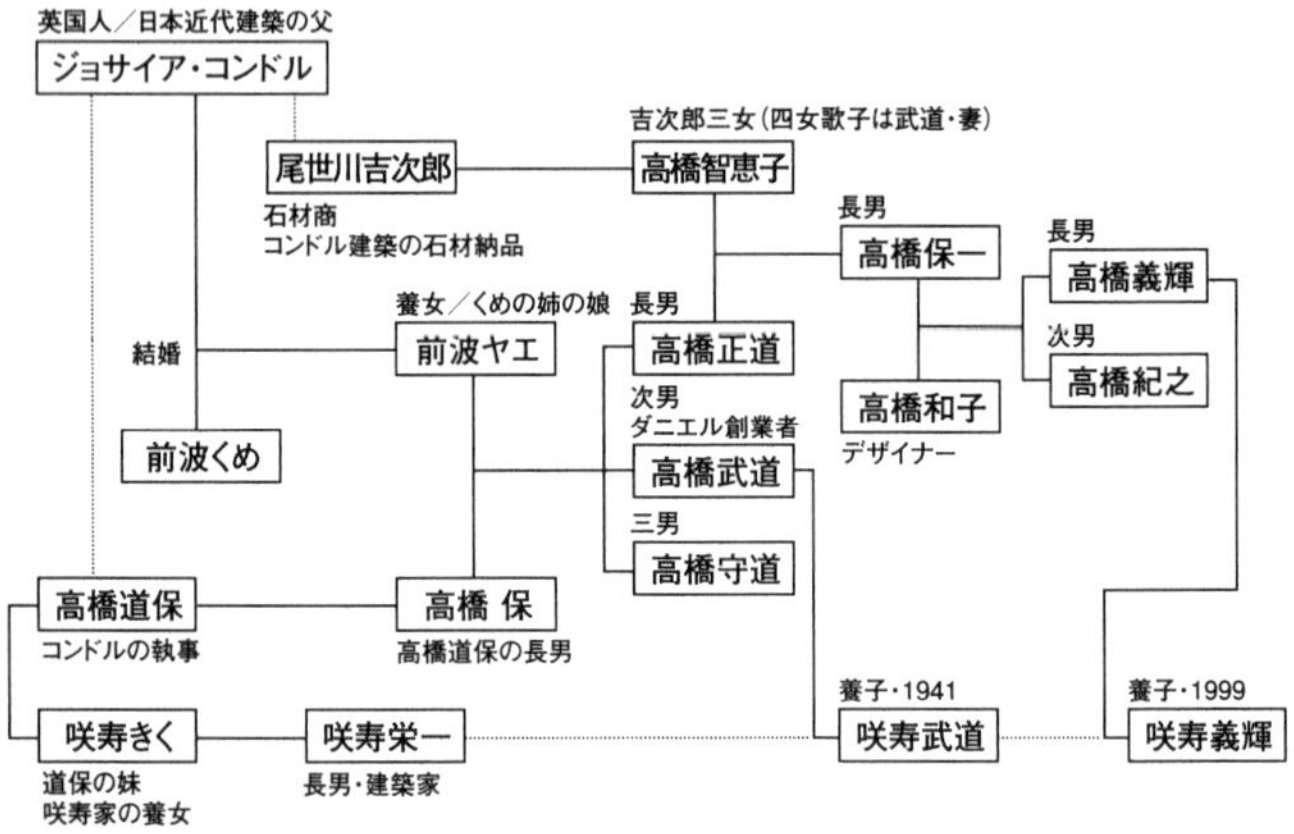

者となった人物です。

一方、道保の妹・きくは、横浜の名家・咲寿家の養女となった後、横浜電気株式会社の常務取締役（後社長）で横浜の電力インフラ整備を率いた上野吉次郎に嫁ぎ、長男栄一を儲けました。きくはその後、栄一に養家の咲寿姓を継がせました。

咲寿栄一は東京帝国大学（現・東京大学）建築学科に進んだ俊英で、建築家としては、赤レンガ造りの瀟洒なたたずまいが北九州門司港のシンボルともなっている門司税関を設計した他、専売局銀座支局、横須賀・徳島・四日市各税務庁舎等の多数の設計を行ないました。彼が手がけた個人の邸宅では、縁戚である上野吉二郎邸などがあり、そこには欧米

1923年東大で行われたコンドル像の除幕式。写真中央は高橋保と令息たち

の「アーツ&クラフツ運動」の片鱗を見ることができます。栄一の師であった妻木《つまき》頼黄《よりなか》はコンドルの弟子のひとりで、横浜の赤レンガ倉庫や、神奈川県立歴史博物館（旧・横浜正金銀行）の設計で知られています。

このように咲寿家は、ただ高橋家と縁戚関係にあるばかりでなく、栄一の建築の業績により、コンドルとの深いつながりもあったのです。

弱冠20代で数々の代表作を残し将来を嘱望されていた栄一は、しかし、30歳の若さで結核により急逝してしまいました。残された妻と長男はその後旧姓に戻りましたが、「咲寿」という、縁起がよく貴重な家名が途絶えるのを惜しんだ祖父の保は、次男の武道に「おま

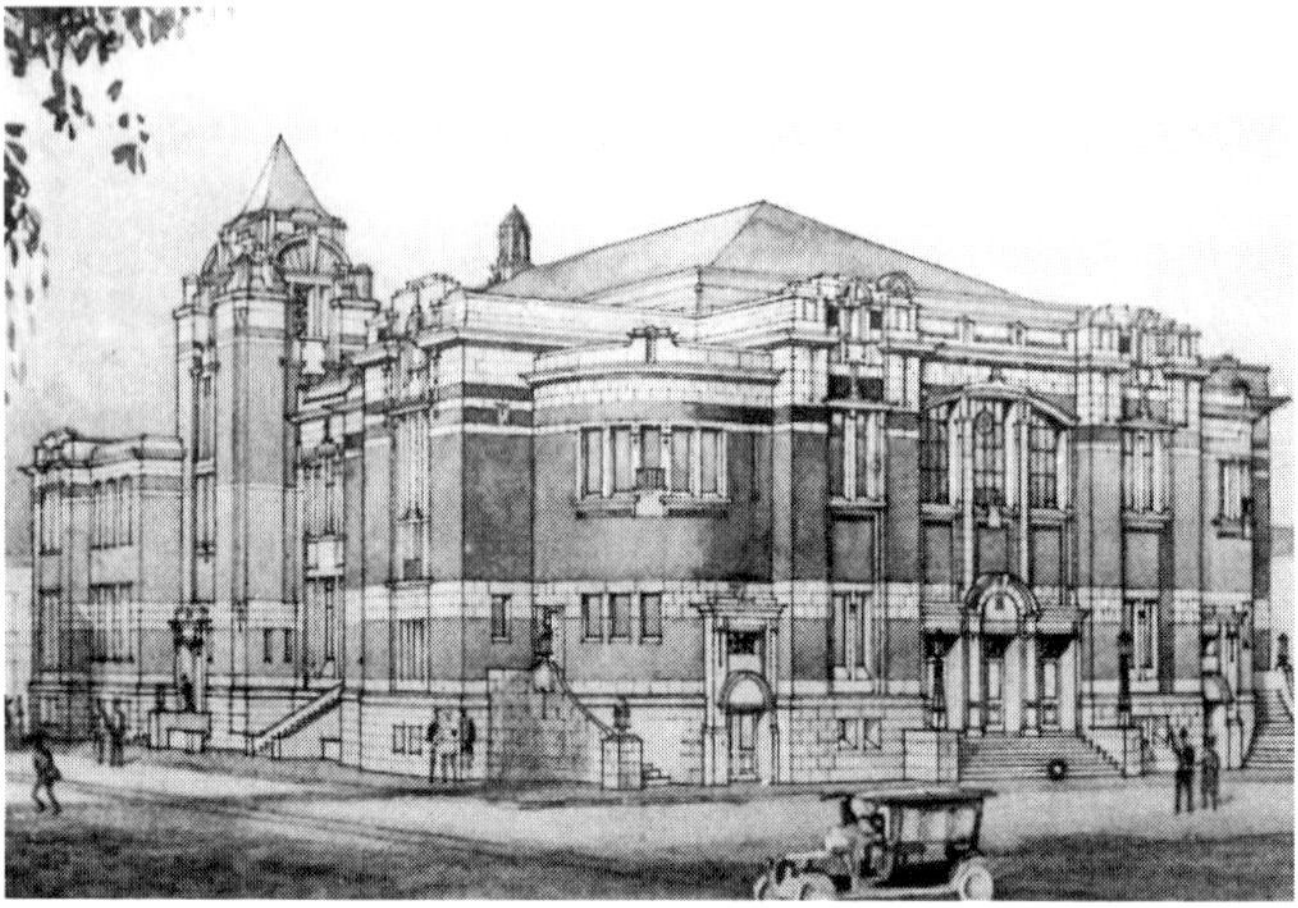

開港記念会館　背景図（大正２年）　咲寿栄一（デザイン案）

え咲寿家を継げ」と命じ、１９４１（昭和16）年養子という形で咲寿家に入って咲寿武道を名乗ったのです。

咲寿栄一の才能と業績が、咲寿家の家名を現在に伝え、高橋家と咲寿家のつながりを確固たるものにしたと言っても過言ではないでしょう。

もうひとつ、コンドルと高橋家の関わりで触れておかなければならないのが、尾世川《おせがわ》石材店です。コンドルの建築は主に石造でしたが、その石材を手配していたのが尾世川吉次郎でした。

尾世川吉次郎は中條精一郎設計の山形県庁の建設を請け負い、特別功労者に名を連ねています。中條精一郎は、コンドルの弟子・曽禰達蔵とともに曽禰・中條建築事務所を主宰、慶應義塾大学図書館、岩崎家熱海別邸などを手がけました。ちなみに小説家・宮本百合子は中條の長女です。

尾世川吉次郎の三女・智恵子は私の父・正道に嫁ぎました。つまり、私の母です。また、四女・歌子は叔父・武道に嫁いでいます。その後、ビル建築は鉄筋コンクリートが主流になり、尾世川石材店もその役割を終えましたが、ここにもコンドルと高橋家のつながりがあったのです。

高橋家・咲寿家が横浜西洋家具と直接の関わりを持つようになったのは、私の叔父・咲寿武道が、偶然湘南木工所という家具製造企業の役員に任命されたからですが、日本の西洋建築の父ジョサイア・コンドルとの絆には運命のようなものを感じざるをえません。

横浜洋家具の発祥と発展

幕末の開港により横浜には多くの欧米人が訪れましたが、彼ら異国人からもたらされたさまざまな西欧の文物がこの地に根づきました。西洋式の銀行、警察署、ベーカリー、西洋料理店、牛鍋、牛乳など、横浜が発祥の地とされています。

西洋家具もそのひとつでした。開港により来日していた英国人ゴールマンが、１８６３（文久３）年に横浜在住の馬具職人・原安造に椅子張りを依頼。そのできばえに感心したゴールマンは、日本の職人に西洋家具の技術を指導し、自らも元町で西洋家具の会社を設立しました。これが横浜家具の発祥と言われています。

横浜には原安造と並ぶ有名な椅子張り職人がいました。大河原甚五兵衛です。彼は、横浜のホテルで調理人として働いているうちにホテル内の洋家具の修理の腕を買われて家具職人となり、１８７２（明治５）年、元町で開業しました。ここで技術を覚えた職人が、東京をはじめ全国各地にちらばって、椅子張りの技術を日本に定着させたことから、大河原は「椅子張りの祖」と呼ばれています。

横浜元町では原と大河原の一派が並び立ち、主に欧米人の仕事を受け、厳しい目でできばえを判断されることで技を競い合っていたと言われています。

今日のようにマニュアルがあるわけではなく、職人たちは見よう見まねで技術を学び、商材を作り上げました。自ら人の技術を盗み取ることから学び、独り立ちするには長い修業期間が必要だったそうです。

欧米人の厳しい注文、ライバル同士の切磋琢磨により横浜家具は発展しましたが、西洋の家具が比較的短期間で日本に根づいたのは、それまでの日本に職人技術の蓄積があったからです。乗物の駕籠を作っていた職人や宮彫師《みやぼりし》（宮殿、神社仏閣などの装飾彫刻に携わる職人）が家具製造に取り組み、椅子張りだけでなく、木部の製作から仕上まで一貫して請け負う体制が整いました。

歴史学者・金子皓彦《てるひこ》先生の資料から、江戸末期ペリーが来航した際、謁見の場で使用された椅子、テーブルの製作を記した古文書が発見されました。このときの家具の複製品をダニエルが製作し、たばこと塩の博物館（東京・墨田区）に展示されました。金子先生のコレクションの輸出家具は、箱根の象嵌や寄せ木細工があしらわれるなど、日本の技術者の技が生かされています。

大手ゼネコン清水建設の二代目・清水喜助は、宮大工として腕を磨き、幕末には横浜に進出し幕府の入札権を得て、外国人設計者の建築も請け負うことになりました。欧米の技術者の指導を受けながら幾多の西洋式建築に携わった喜助は、日本の職人の技術が海外にも通用することを証明しました。日本最初の本格的ホテル・築地ホテルは、アメリカ人建築家リチャード・プリジェンスが設計し、喜助が造営を請け負って、江戸最後の年に完成

（明治元年開業）した建築ですが、このホテルの西洋家具は、設備品以外すべて横浜で製造されたものでした。幕末にしてすでに、横浜の職人の技術が長足の進歩を遂げていたことがわかります。

横浜家具は居留地の外国人に愛用され、帰国に際して持ち出されると、海外でも愛好者が増え、技術力が評価を得るようになりました。そのため、1894（明治27）年には、横浜に外国人の土産用・輸出用の和洋折衷家具の生産工場ができたほどです。

それらの家具には伝統的な彫り師の彫刻が施されるなど、海外の人々にアピールする日本の伝統技術が生かされていました。いまもダニエルの家具には、機械では取ることのできない彫刻が施されていますが、これも日本製家具の伝統を引き継ぐものです。この彫刻の技術については、第3章で解説していますのでご覧になってください。

また、アメリカのシェーカー様式の物入れは、秋田県の曲げわっぱの技術と同じです。日本では秋田杉で制作され、アメリカではメープルの木材が使われます。いずれも殺菌力にすぐれ、粘り強い木材の性質が生かされています。

日本に根づいていた職人技が、西洋家具の導入を受けて押しつぶされるのではなく、むしろクローズアップされたことに、われわれはもっと誇りを持っていいのではないでしょうか。

横浜家具の復興をめざして

咲寿武道と湘南木工の設立

明治から大正にかけて順調に発展した横浜の西洋家具ですが、関東大震災や太平洋戦争の影響で衰退を余儀なくされました。重要な顧客であった欧米人の減少が大きかったのです。

危機に瀕した横浜西洋家具の復興に力を尽くしたのが、私の叔父でありダニエル創業者の咲寿（高橋）武道です。

ダニエル創業者　咲寿武道

武道は1916（大正5）年生まれ。私の祖父・高橋保の次男です。私の父であり保の長男・正道と三男の守道は、それぞれ山形工業高専（現山形大学）、東京農工大学に進みましたが、武道は麻布中学在学中から独立心が強く、兄弟たちと同じ道を歩むのを嫌っていました。

卒業後、武道は実業界で一旗揚げるのだという大志を抱いて横浜の港メリヤス製作所に就職しました。当時の商店のことですから、丁稚奉公のような就業形態だったようです。明治時代から横浜は生糸貿易が盛んで、同社の創業者・野島栄吉氏も繊維産業で財を成した成功者でした。

この就職が横浜家具と武道を結びつけるきっかけとなったのです。

１９２５（大正14）年に横浜で創業した山本木工所という家具製造会社がありました。同社は西欧家具製造で頭角を現しましたが、家具業界全体の衰退もあってやがて資金難に陥り、港メリヤスの野島氏に助けを求めます。

野島氏は、高橋武道、堀内正太郎、坂本浜太郎、郡司義夫の４名の番頭を引き連れて山本木工所の事業を引き継ぎ、１９４１（昭和16）年〈湘南木工〉を組織しました。

太平洋戦争開戦時という嵐の船出でした。

創業当時湘南木工は、東京光学機械㈱（現㈱トプコン）という会社から仕事を受注していました。同社は、１９３２（昭和７）年、服部時計店精工舎（現セイコーホールディングス）の測量機部門を母体に設立された会社で、戦時中は、測量機、双眼鏡、カメラ、照準眼鏡など軍用の製品を主を製造していました。それらの光学機械を運搬するために専用の木箱が必要だということで、湘南木工が家具づくりのノウハウを生かしてそれに応えたのです。湘南木工に声がかかったのは、東京光学機械の当時の社長金森次郎氏が、高橋家の親戚筋にあたっていたからで、高橋家の人脈が零細企業を救ったとも言えます。

工場の焼失と再建

戦中に二代目の堀内正太郎が社長に就任しましたが、戦局は厳しさを増し、武道をはじめ湘南木工の社員も赤紙一枚で徴兵され戦地に赴くことになり、会社の運営もままならない状態でした。

1945（昭和20）年5月、湘南木工は空襲により工場を焼失します。

そして終戦。

終戦直後の9月には、現在のダニエル本社のある横浜市西区岡野に工場は再建されましたが、横浜は空襲により焦土化し、家具職人も四散して、復興しようにもどこから手をつけていいかわからない惨状でした。

終戦直後の湘南木工

湘南木工をはじめ家具業界の苦境を救ったのが進駐軍の特需です。

終戦後、占領下の日本では、横須賀、厚木、横田、三沢の米軍基地から調達庁を通して、教会の什器や教育施設の注文が、東京、神奈川、山形、京都、大阪などの各産地に発注されました。それにより日本の家具業界は息を吹き返したのです。

昭和22年８月14日、湘南木工は有限会社から株式会社に組織変更し、咲寿武道は専務取締役に就任しました。同社は進駐軍を主とした需要に対応するため、現在ダニエルの本社を置いている横浜市岡野に第一工場・木製製造部門を、浅間町に第二工場・キャビネット製造部門を建設しました。

数年前、約60年にわたって幻とされてきた新橋―虎ノ門間の「マッカーサー通り」が完成したとのニュースが流れました。この道路は、環状２号線の一部にあたり、もとは関東大震災の復興計画の一部として後藤新平により立案されたものでしたが、当時は議会の反対により

廃案となりました。太平洋戦争直後に環状2号線として事業化されましたが、問題の新橋—虎ノ門間は用地買収が進まず、紆余曲折を経てようやく2014年に開通したのです。

終戦後、GHQが虎ノ門のアメリカ大使館から新橋、竹芝まで幅100メートルの道路を開通させる計画があるという噂が流れ、いつしかこの道路計画は「マッカーサー通り」と呼ばれるようになり、「新虎通り」という正式名称があるいまでも、この愛称が定着しています。

「マッカーサー通り」のニュースは、私に終戦当時を想起させるよすがとなりました。

少年時代を占領下の東京で過ごした私には、日本に降り立ったアメリカの先進文化がまばゆいばかりの思い出として残っています。

1947(昭和22)年、東京の成増飛行場を接収したGHQは、この跡地を〈グランドハイツ〉と改称し、アメリカ軍の家族宿舎の建設を始めました。

他にも、代々木のワシントンハイツ、横浜本牧、横須賀など、アメリカ軍の駐屯により発展した町は「リトルアメリカ」と呼ばれていました
リトルアメリカは豊かさの象徴とされ、住宅には空調設備が完備、電気オーブンや、下水道が完備された水洗便器が施されていました。

殺風景なカマボコ兵舎も、内部はモダンなインテリアが装備されており、異なる文化を融合させて生活を楽しむ空間づくりがありました。戦勝国アメリカの豊かさに日本人は衝撃を受けたのです。

アメリカ極東軍技術部で、東京グランドハイツなどのデザインに従事していたＳ・クルーゼ少佐から、宗教・教育施設、教会、病院、マーケット、住宅などで使用される電化製品、家具類など北欧家具デザインを基調とした家具・什器が、通産省を通して大量に発注されました。

これらが家具メーカー、家電メーカーの戦後復興の第一歩となったのです。

咲寿武道は駐留軍との結びつきを強めるため、神奈川県駐留軍家具納品検査協力会を結成。クルーゼ少佐が作成した基本プランに基づいて、当時、通産省産業工芸試験所意匠部の技官であった著名なインダストリアル・デザイナー豊口克平《とよぐちかつへい》氏が監修した北欧風の家具の、駐留軍用の調達窓口となって生き残りをかけました。

私は実家が麻布でしたので、接収された恵比寿の日本麦酒（現・サッポロビール）で、銃剣を持って警備するＭＰの姿を目にしました。

当時の東京、横浜の様子は、いまとなっては誰も知るよしもありません。渋谷の東横百貨店の屋上には遊園地があり、横浜・伊勢佐木町の有隣堂も接収され、その奥には飛行場があったのです。

アメリカ軍の特需で息を吹き返した横浜の家具製造でしたが、当時を回顧して武道は常々語っていました。

「進駐軍のおかげで事業は軌道に乗りつつあったものの、激戦の地で失った戦友の思いが脳裏をかすめ、敵国のために仕事をこなして家族や社員の命を守らなければならない自身の立場に苦悩もした。生き残った者の宿命として、現実にどう踏ん切りをつけて、明日への希望を抱きながら再建への道を歩むかを模索していたとき、軍人の父に常々言い聞かされていた『世のため、人のため、見返りを求めず、社会のためにどう尽くすかを考えよ』という高橋家の家訓が支えとなった」

このような思いを胸に事業を推進した武道は、荒波を乗り越え、流れに沿って発展を続けたのです。

音響機器のキャビネット製作に活路を見出す

1950（昭和25）年、朝鮮戦争が勃発しました。

アメリカ軍の基地内には、BASE EXCHANGE（空・海軍用）、POST EXCHANGE（陸軍用）と呼ばれる兵士のための販売組織がありました。湘南木工の創業者の一人で語学力の高かった坂本浜太郎が、ここで赤井電機のテープレコーダーやティアックのアンプなどのオーディオ機器を知り、レコードキャビネットやテープデッキの筐体などをオーダーで製作するようになりました。

戦争が勃発すると、日本の基地から朝鮮半島へ次々と米兵は派遣されていきました。戦線は激しさを増し、出兵して帰らぬ人となる兵士も少なからずありました。そのような兵士が日本に残していった家具類は、湘南木工が残品処理を任されました。これは利益になるとともに、修繕のため塗装や細工を行ったために職人の技術に磨きがかかるというメリットもありました。おかげで高級キャビネットのオーダーが増えたそうです。

１９２５（大正14）年に開始されたラジオ放送はまたたく間に普及し、戦後には娯楽番組や教養番組が全国で聴かれるようになりました。レコードも普及し、日本産のオーディオ機器が発達しました。例えばラジオは、周波数を合わせるための同調ランプが付き、真空管が４本または５本内蔵された４球、５球スーパーラジオと呼ばれる製品が珍重されていました。

湘南木工では、オーディオ機器メーカーの下請けとしてオーダーを受け、キャビネット類を製作していました。

東芝のＭＡＺＤＡ（マツダ：自動車のメーカーとは関係ない）ラジオ、輸出品として人気の高かった日本ビクターのステレオ・デルモニカなどの木製部分は当社が製造していました。

武道の社長就任と富沢市五郎氏のこと

１９５１（昭和26）年、咲寿武道は湘南木工株式会社の三代目社長に就任しました。

武道は自社の経営はもとより、家具業界全体の興隆をめざし、家具組合の活動にも情熱を燃やしました。

社長就任の前年に武道は、神奈川県需品家具協同組合理事長に就任し、横浜家具の復興に力を注いでいました。

このとき武道に教えを授けたのが、現在の元町ダニエルの近くに店を持っていた三光家具の経営者兼家具デザイナーの富沢市五郎氏です。彼は横浜家具の復興に尽力し、その質を模倣から創造へとレベルアップさせた横浜家具業界のレジェンドです。明治後半から大正、昭和にかけての横浜の家具の歴史に精通し、デザイナーとしても神奈川県庁の知事室の家具などを手がけました。後進の育成にも熱心で、弟子の石川謙蔵は天皇陛下儀式用御椅子、ホテル・ニューグランドの家具類を設計しています。石川はその後、湘南木工の設計室で活躍しました。

私がイズミ家具（元町ダニエル）に入社したとき、店の表を掃除していると富沢社長が、「君が新しく小僧に入った子か」と声をかけてくださり、「よろしくお願いします」と頭を下げたことが昨日のことのように思い出されます。

昭和2年に富沢市五郎氏が製作したホテルニューグランドロビー中央のセンターテーブル

近隣に店を構える富沢社長は私を気に入ったのか、なにかと目をかけていただき、その経験と知識をおしげもなく私に伝授してくださいました。

デザイナーとして数々の仕事を残された富沢社長からは、ニューグランドの家具や、マッカーサー元帥とその後任のリッジウェイ少将の生活什器に関わった経験から、欧

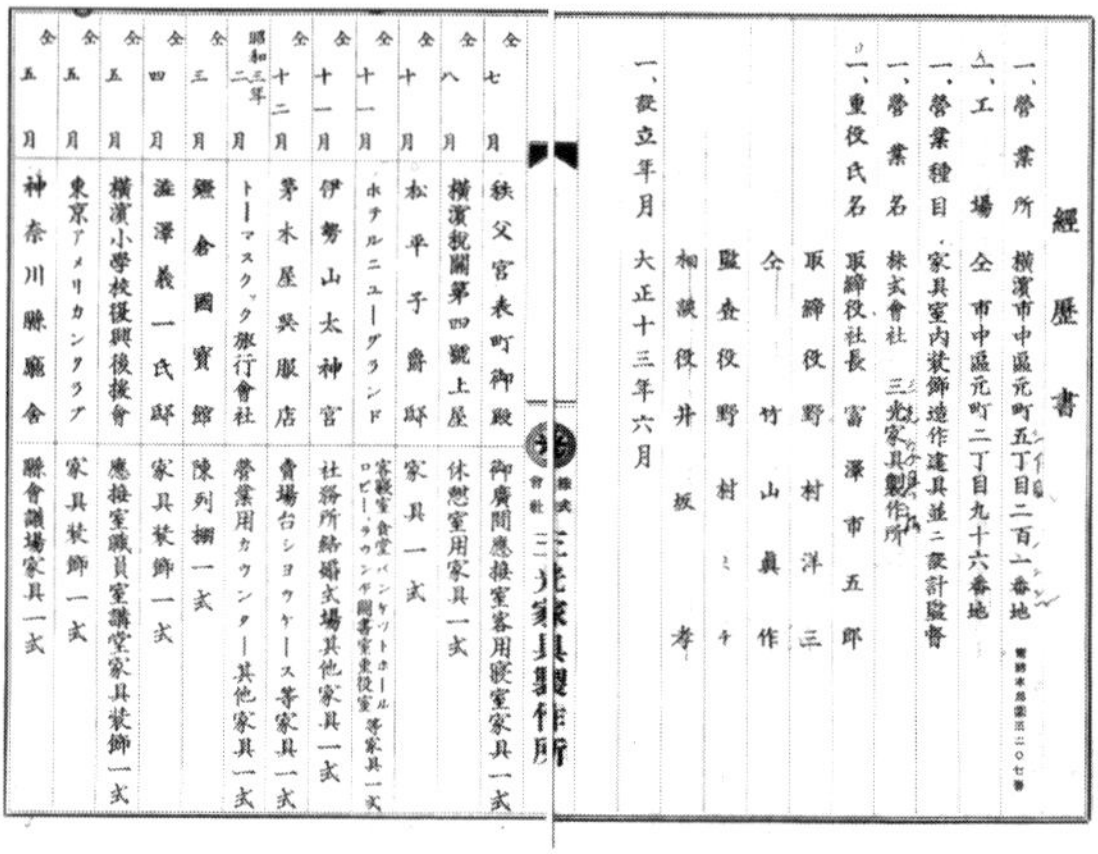

經歴書

一、營業所　横濱市中區元町五丁目二百二番地
一、工場　仝　市中區元町二丁目九十六番地
一、營業種目　家具室内裝飾造作建具並ニ設計監督
一、營業名　株式會社　三光家具製作所
一、重役氏名　取締役社長　富澤市五郎
取締役　野村洋三
仝　竹山眞作
監査役　野村ミキ
相談役　井板孝
一、設立年月　大正十三年六月

株式會社　三光家具製作所

仝　七月	秩父宮表町御殿	御廣間應接室客用寢室家具一式
仝　八月	横濱稅關第四號上屋	休憩室用家具一式
仝　十月	松平子爵邸	家具一式
仝　十一月	ホテルニューグランド	客殿室 食堂 バンケットホール ロビー・ラウンヂ 圖書室 重役室 等家具一式
仝　十一月	伊勢山太神宮	社務所結婚式場其他家具一式
仝　十二月	芽木屋呉服店	賣場台ショウケース等家具一式
昭和三年二月	トーマスクック旅行會社	營業用カウンター其他家具一式
仝　三月	鎌倉國寶館	陳列棚一式
仝　四月	澁澤義一氏邸	家具裝飾一式
仝　五月	横濱小學校復興後援會	應接室職員室講堂家具裝飾一式
仝　五月	東京アメリカンクラブ	家具裝飾一式
仝　五月	神奈川縣廳舎	縣會議場家具一式

株式会社三光家具製作所の履歴書。ホテルニューグランド、秩父宮表町御殿など、錚錚たる納品先が並ぶ

米のインテリアや生活様式について様々な教えを授かりました。折りあるごとに私は氏の仕事場で、家具の技法や歴史に関する話を拝聴したものです。

明治の変革で発展したものの、大正の大震災、さらに太平洋戦争により焦土化した横浜。そこからの復興という厳しい時代を過ぎ、今日の平和な時代に、自分たちが描いた「横浜洋家具のあるライフスタイル」への夢と希望を若者たちに伝えたいというのが、富沢社長の思いでした。そして「本物の家具を、世界に誇れる品質を」と、横浜家具への信念と夢を私に託されたのです。

私にとって富沢社長は、叔父の武道と並ぶ恩師のような存在なのです。

「ライアン」という壁面燭台を乗せる芸術的なアクセサリーをそのとき譲り受けたのですが、残念なことに岡野町事業本部の火災で焼失してしまいました。

高度成長期と家具産業の勃興

サンフランシスコ講和条約が締結され、朝鮮戦争も終結すると、アメリカ軍の多くが日本を引き揚げたため家具の需要も減りました。しかし湘南木工は音響機器のキャビネット製作を主に、特別注文の家具の生産に活路を見出していました。

１９５６（昭和31）年の経済白書に「もはや戦後ではない」という、復興宣言ともいうべき名文が載り、日本は活気づいていました。戦災で喪失した家財道具を揃えたいという人々の思いは、経済復興とともに現実のものとなり、家具業界も内需が高まっていました。

そこへ訪れたのがミッチー・ブームです。

１９５８（昭和33）年、皇太子・明仁親王と正田美智子さんの婚約が発表されると、翌年のご成婚を見ようとテレビの売り上げが急伸し、端緒についていた日本の高度成長に拍車をかけました。家具業界も沸き立ち、ご成婚に刺激されて婚礼家具の売り上げが急増、広島府中、徳島、福岡大川、静岡などが産地として頭角を現し隆盛を極めました。

その頃湘南木工は音響機器の筐体製作で生計を立てつつ、塗装・イス張り技術を磨きました。また、オーダー家具の受注にも力を注いでいました。

芸大を卒業後に北欧に国費研修生として派遣され、インダストリアルデザイン界で将来を嘱望されていた島崎《しまざき》信《まこと》氏を外部デザイナーに依頼し、県の工芸指導所から派遣された関根氏との共同で、高周波技術を生かした成形合板家具を商品化したのもこの頃です。

山下町のシルクセンターは、生糸・絹貿易の振興と観光事業の発展を目的として、1959（昭和34）年に開業。オープン当時、高層階にシルクホテルがありました。このホテルの什器に湘南木工の成形合板の商材が使用されました。その後、消防法が厳しくなったとき、改築の資金繰りに窮してホテルは閉業となりましたが、最先端のホテルに採用された湘南木工の技術は誇らしいものがあります。

1964（昭和39）年の東京オリンピックでは、国立競技場に設置される2m×4・5mのヒノキ製大型スピーカー6基を製作し、東芝に納品しました。川崎の東芝小向工場グラウンドで視聴が行われましたが、試作品一基で当時住宅が1軒購入できたそうです。

こうして湘南木工は、横浜家具の復興とともに順調に業績を積み上げていきました。

イズミ家具インテリアとダニエルの泉

元町に〈泉屋〉という老舗家具店がありました。創業者の大畑数一朗氏は元町商店組合の初代理事長で、横浜家具の発展に尽力された方です。

泉屋は現在の元町ダニエルの所在地に店舗を置いていましたが、その敷地には井戸があり、泉のように水を湛えていました。関東大震災や太平洋戦争の危機に際して、近隣の人々に泉の水を分け与え多くの命を救ったことから、〈泉屋〉の屋号となったそうです。

ダニエルの泉

元町ダニエルの店内には、当時の泉を復元したものがいまも残っています。

この泉には、ダニエル創業者の思いがこめられています。ひとつは、生活者ひとりひとりのライフスタイルを満足させ、生活に潤いを与える泉のようであれという思い。また、ダニエルの「家具は世代を超える財産」という哲学から、自然の恩恵をいただき、天然木の

店舗改装の際に水槽を設け、井戸から水を引いて泉が湧いているようなイメージの噴水にした

よさを活かした家具をつくり続けるという思いです。

さて、泉屋の話にもどります。

世の中はオリンピック景気で沸き立っていましたが、そうした浮かれた雰囲気にまぎれて怪しげな業者が跋扈《ばっこ》したのも事実です。業務用を主力に店舗・造作工事を主に請け負っていた泉屋も、悪質な業者にかかって損害を被りました。また、好景気で職人の取り合いが起こり、良質な下請け業者を確保できなかったこともあってクレームが発生し、追加工事などにコストが費やされ、売り上げは上がっても利益に結びつかないという苦しい状況が続いていました。

泉屋の苦境を見逃せなかったのが咲寿武道です。

前々年に資本参加していた武道は、1967（昭和42）年に泉屋を買収、事業を継承することになりました。

事業継承にあたって武道は私を連れ、横浜を代表する家具小売業である株式会社双葉家具の宮地社長に挨拶に出向きました。武道は当時、双葉家具の社外取締役も勤めていたのです。

そのとき宮地社長が開口一番、

昭和20年代の泉家具

「咲寿さん、〈泉屋〉は洋菓子屋さんみたいだから、変えた方がいいよ」

と提案されたのです。

武道はアドバイスを素直に受け入れ、私と相談して新社名を㈱イズミ家具インテリアとしました。

「インテリア」という名前も耳慣れない時期でしたが、家具をただ単品として販売するのではなく、室内をトータルにプロデュースするという「インテリア」の観点から提供するのだという、先進的な意図を明確に表した命名でした。

イズミ家具インテリアに資本参加した翌年から、武道は同店舗の改築に取りかかりました。建築設計事務所ゲンプランの渡辺氏に設計を依頼、大成建設が施工を担当しました。渡辺氏は京都大学建築学科卒の気鋭の建築家で、完成した店舗は、当時としては最新鋭のコンクリート打ち放しの建物となりました。

現在のダニエルの店舗は、１９９５（平成７）年、私が社長に就任したとき、島崎信氏の弟子でイタリアで活躍していた小川勲氏に設計を依頼して改装したものです。クラシック家具にふさわしい落ち着いたファサードとし、店内も外気を取り入れながら無垢材の乾燥を防ぎ、自然体の家具を展示する空間に変えました。また、井戸から水を引いて泉が湧いているようなイメージの噴水と水槽を設けたのもこのときです。

私の生い立ち——イズミ家具インテリアに入社するまで

祖父・保、父・正道のこと

イズミ家具インテリアの話が出たところで、私・高橋保一の家系と、家具業界に入るまでの経歴をお話ししておきましょう。

祖父の保は軍隊を退役した後、麻布で郵便局を開設しました。昔ながらの男で、毎晩晩酌をする際、妻のヤエさんは背後で正座してじっとしていたと聞きます。また、軍隊生活が身についた人だけに子どもたちのしつけも厳しく、成人になっても門限厳守、罰則の締め出しが続いたそうです。

郵便局は故郷からの送金を受け取る地方出身者や、母国へ為替を送る外国人も利用していました。

祖父から聞いた当時のちょっといい話があります。

栃木から上京して下宿し香蘭女学校に通う若い女性が、頻繁に郵便局を利用していたことから局員に可愛がられていました。その女性が、早稲田大学に通う中国人の青年と恋に落ち婚約にいたりました。青年は中国に広大な土地を所有する資産家の息子で、一時期帰国していましたが、そのとき祖父の保が彼女に、

「これからは女性も技術を身につけなければいけない時代だから、医大を受験しなさい」

と勧めたそうです。

彼女は女子医大に合格し医師となりましたが、結婚して中国・大連に渡ったため医師免許は封印されました。それでもお相手は裕福な家庭でしたので、子どもを3人儲け幸せに暮らしていたそうです。

ところがその後、中国で共産党が台頭し、資産家は土地・財産を没収されるという憂き目に遭いました。ご主人の家族も同様で、仕事も奪われ路頭に迷うところでしたが、そこで彼女の医師免許が生きました。当地で医者として働き、家族を支えることになったのです。アドバイスに従って医大を受験したことが家族を救ってくれたというので、彼女は生涯保に感謝していたそうです。

さて、日本と中国は1972年に国交回復しますが、国交正常化に尽力した実業家・岡崎嘉平太氏から、時の首相・田中角栄氏が、大連で開業している日本人医師の情報を聞き

高橋保一家。前列左から、妻・ヤエ、保、後列左から長男・高橋正道、次男・咲寿武道、三男・守道

つけます。

「日本でも医者が少ないのだから、その先生を呼び寄せ、お子さんは日本で学ばせたらどうか」という田中氏の鶴の一声で、彼女は夫と長男を中国に残して長女と二男を連れて帰国することになりました。

祖父はすでに他界していましたが、兄妹のように接していた父の正道は、帰ってきた彼女の家族を一時自宅に住まわせるなど、日本での仕事の復帰にも援助を惜しみませんでした。残念ながら彼女はしばらくしてガンで亡くなってしまいましたが、残された二人を正道が引き取り、次男は創価大学に進学、中国で医学を勉強していた長女は鍼灸の勉強をして川口で開業するまで育てました。

人格者としての祖父とその姿を見て育った父の横顔をうかがわせるエピソードです。


話は少し戻りますが、祖父の郵便局は戦災で焼失し、戦後祖父の家族は渋沢栄一の麻布の別邸に一時滞在し、離れを臨時の郵便局としていました。

そこへ戦地に赴いていた三男の守道が帰還してきましたが、職のあてもないことから、祖父に勧められて郵便局を継ぐことになりました。

そのころ私の家族も焼け出されて十条で暮らしていました。ときどき祖父の仮住まいを訪れると、その一体は米軍の接収地となっていたためものものしい雰囲気で、小学生の私は不安が先立ったことを覚えています。

父の正道は早稲田大学理工学部に入学しましたが、学費の問題などもあり、山形の米沢工業専門学校（後・山形大学に合併）に移りました。当校は繊維関係の研究、教育で知られており、父もそこで学んだ後、呉羽《くれは》紡績に入社しました。

しばらく山形でサラリーマン生活を送っていた父に、叔父にあたる東京光学機械の金森次郎氏から「東京に戻って、うちの会社で働かないか」と誘いがありました。金森氏は、先ほど述べたように、湘南木工に精密機器を入れる箱を発注して、戦中の事業継続を助けてくれた恩人です。父は叔父の勧めに従って東京に戻り、定年まで東京光学機械でお世話になりました。

私は高橋正道の長男として、昭和十七年、東京麻布で生まれました。母は、ジョサイア・コンドルに建材区材料を提供していた石材商・尾世川吉次郎の三女・智恵子です

そのころ、叔父の武道は横浜で湘南木工を立ち上げ、戦中戦後の動乱期を生き抜くため

に必死で戦っていました。

武道には子どもがなかったので、私たち兄妹を実子のように可愛がってくださり、幼い頃から私は叔父の元に遊びに出かけていました。占領期の横浜は、市役所の裏手に飛行場があり、市中を米兵が闊歩していました。野毛山動物園や伊勢佐木町の映画館に叔父夫婦に連れて行ってもらったのがよき思い出として残っています。

大学時代の活動が認められて

友人たちは東大・慶大・芸大などに進みましたが私は勉強が苦手で、高校の校長の推薦により東洋大学に進学しました。

東洋大学の社会学部長・千葉雄次郎教授から「君たちは他大学を落ちて自信を失しているだろうから、創立者・井上円了《いのうええんりょう》の『初学の基礎は仁・義・礼・知・信に基づいた哲学にあり』という教えを自信を持って実践しなさい」と励ましを受け、私は一から精神を鍛え直そうと運動部を目指しました。

ところが体育部が盛んなだけあって、どの部も部員はプロ並みの実力の持ち主ばかりです。とうてい太刀打ちできないと悟った私はゴルフ同好会に入会しました。

ゴルフを選んだのには理由があります。ボクシング部に入部した友人が、汗でスリップしたのにダウンを取られたのを見て、私は審判の判定の不正確さを感じました。ゴルフには自己申告制という制度があります。これこそ自己責任で潔いスポーツではないかと思ったのです。

ちょうどそのころゴルフ同好会は、部への昇格を目指している最中でした。なにか自信になる実績を残したいと考えていた私はこの活動に積極的に加わり、翌年にはめでたく部の組織として認められました。

人生なにが道を開くかわからないもので、このときの活動が体育会本部の役員の目にとまり、本部役員補佐に抜擢されたのです。

役員会の活動は正直、大学生活そのものには有益とはいえませんでした。単位を取得して時間をもてあましている4年生は下級生をこきつかい、運動部が起こす暴力事件の後始末、退部金の問題などに私は奔走させられました。

また、大学は学生運動の真っ只中、組織の崩壊と新生がくりかえされ、とても勉学に勤しむ環境ではありませんでした。

結果的に私は体育会本部の活動に専念することになりました。

しかしこの時期の経験が、人と人とのつながりを大切にするダニエルでの仕事におおいに役立ったのです。挫折感の克服という意図で始めた活動とはいえ、なにごとも情熱を持って一生懸命努力すれば、将来必ず役に立つものだという教訓を私はこのときの活動から得たのです。

東京オリンピックのキャンペーンを機に

私は大学卒業後、東京コカ・コーラボトリング株式会社に入社しましたが、それも大学時代の活動が結びつけた不思議な縁があったからです。

大学時代はちょうど前回の東京オリンピックイヤーに当たっていました。

東京オリンピックはアジアで最初に開かれるオリンピックとあって、日本人、日本政府の意気込みは半端なものでなく、開催に合わせて新幹線や首都高などのインフラ整備、下水道やゴミ処理場などの環境整備がなされたことはご存じの方も多いでしょう。

しかしそれと同時に、来日する海外の人々に恥ずかしくない日本を見せなければならないという考えのもと、日本人の食品衛生や健康保健意識の向上、公衆道徳、マナーの意識改革をめざすさまざまなキャンペーンが展開されたことはあまり知られていません。

今回のオリンピックでは、日本人のおもてなし精神がPR材料として喧伝されていますが、以前のオリンピック時は、決して日本には公衆マナーやおもてなしの精神は根づいていませんでした。ゴミや吸い殻のポイ捨て、立ち小便、酔っぱらい、駅・列車内のマナーの悪さなどが問題となっていました。

こうした現状から「国土美化運動」「花いっぱい運動」などの美化運動、喫煙マナー、飲酒マナー、駅・列車内のマナー、ホテルでのマナー、タクシーの運転マナー向上などが盛んに叫ばれたのです。

東京オリンピックに向けたキャンペーンは大学でも活発でした。

オリンピックの前年、東洋大学の体育会でも、大学のスポーツ活動のPRのために学生130名を組織して東北一帯を巡回するという一大キャンペーンを実施することになりました。私はその体育会本部の一員として、文化団体連合と共催し事務手続きや広報に尽力しました。

このキャンペーンは、コカ・コーラと藤田観光がスポンサーとなっていました。学生をとりまとめていた私は、両企業の担当者とも幾度となく打ち合わせをし、いつしか親しい間柄になったのです。

そんな縁で、就職難で私が悩んでいたとき、コカ・コーラ社の役員が「うちにこないか」と声をかけてくださったのです。

いま思い返してみると、これもまた不思議な縁です。コカ・コーラ社は、ほんの3年ほどの在籍で、端からみると「腰掛け」程度にすぎないかもしれませんが、私にとっては、ダニエルの事業を切り盛りするうえで、貴重な経験を得た期間となりました。

COLUMN **学生時代に影響を受けた方々と出来事**

成田為三先生との出会い

高校時代、井上円了の門下生である林古渓《はやしこけい》（作詞家・漢文学者『浜辺の歌』などの作詞で知られる）の歌碑を建立したとき、新聞部のインタビュー係として作曲家の成《な》田為三《たためぞう》先生（当時・京北高の音楽講師）にお会いしました。

先生は、秋田から東京に出て音楽を学んだそうですが、そのとき人と人との交わりの大切さを知ったと仰っていました。そのときのお話しが、その後の私の生き方に強い影響を与えています。

永井道雄氏との対談

大学時代、『朝日ジャーナル』の「大学の庭」というコーナーで、後の文部大臣・永井道雄氏との対談に臨んだことがあります。教育者である永井氏には、四聖と讃えられる釈迦、孔子、カント、ソクラテスの哲学の話などを通じて、「諸学の基礎は哲学にあり」という正しい道すじに即した生き方が大切であることを教えられました。

企業勤めで得た教訓と転職

コカ・コーラ社はさすがに世界に誇るブランドだけあり、ここで私は客商売のなんたるかを徹底的に叩き込まれました。価値観、信頼、安心、安全、満足を与える企業努力、販売促進、新規店舗の開拓などの営業手法は、その後のダニエルでの仕事に活かされているのは言うまでもありません。

現場の営業では、競争世界を生き残る心構えが鍛え上げられました。東京の繁華街を担当すると、隙あらばと競合他社がねらってきますが、私は寄せつけませんでした。人間関係を密にし、仕事を通してコミュニケーションを十分に取り、正直に生きることが商売の根本であることをこのとき思い知らされました。

私の担当地域であった池袋には、三越と丸物《まるぶつ》という有力デパートがありましたが、この2店舗と、映画館などのレジャー施設を手広く運営している籏《はた》興行という企業に私は入り込み、その販売形態は各地のボトリングの戦略基地の見本となったほどです。

企業勤めは充実し、当時の私は転職など考えたこともありませんでした。


私は幼い頃から叔父の武道と親しく、大学時代も休みの日にはよく横浜に遊びに行っていました。ゴルフ同好会だったので、ゴルフコースにもときどきお供したものです。

兄弟と袂を分かって実業の道に入った武道は、大学時代の私の活動などを聞いて親近感をいだいていたのかもしれません。

「おまえ炭酸飲料の瓶運びをやっているなら、家具を運ぶのも同じだよ」などと、冗談とも本気ともつかない誘いの言葉を何度か聞かされたものです。

その誘いが本心からであったのを知ったのは、武道が私に、神奈川県の組合理事長としての悩みと、事業継承の相談を持ちかけてきたときです。

いつにない深刻な様子でしたので、私は大学の恩師にアドバイスを仰いだほどです。

「まずは叔父さんの話をよく聞くことだ。そのうえで判断したらどうか」と、先生からはご提案いただきました。

武道はそのとき、神奈川県家具協同組合から組織変更して発足した神奈川県家具工業組合を運営する立場で、通産当局から零細企業の集約化を提案されていました。中小企業近代化促進法第1号構造改善事業の取り組みの一環でした。

自社の経営と組合の運営を抱えていた武道は、地場産業の振興のために片腕として働いてほしいと私に懇願したのです。

コカ・コーラ社はコミッションもよく、日曜日には先輩たちとのゴルフに明け暮れるという楽しい職場でした。新しい職場は待遇面でも格差があり、決して楽な道ではないことが予想されました。

しかし、武道の意気に感じた私は、大義のために退職を決意したのです。

企業勤めではさまざまな教訓を得ましたが、その最も大きなものは「保険」の理解だったかもしれません。コカ・コーラ社は自社製品のボトル破損事故などに備えて、当時から保険を重視していました。ＰＬ法などもなく、日本ではまだ損害保険の考え方が浸透していませんでした。

同社で学んだ私も当初からその重要性を訴え、ダニエルの商品に保険をかけていました。それが経営に多大な貢献をしてくれたのです。

あるとき、取引先のデパートの担当者から、「ダニエルの商品を使っていて怪我をしたので賠償してほしいとお客様からクレームを受けている」と緊急の電話がありました。

私がさっそく出向いて事情を聞くと、テーブルの上に椅子を乗せて天井の照明ランプを替えようとしていて倒れたとのこと。

私は自信を持って、賠償を求める相手に言いました。

「お客様、大丈夫です。当社の商品は保険に入っていますので、お客様が正常な使い方をなされていれば、正当な賠償金をお支払いできます。後日、調査員、弁護士を派遣して事情をうかがいにあがりますので、連絡をお待ちください」と。

すると相手は、めんどうなことになったと思ったのか、クレームを取り下げました。

保険の重要性については大学時代にも経験しています。部員が怪我の治療費が出せなかったので、保険会社に相談してプランを作ってもらったのです。

いまでこそ保険の理解は経営者にとって当然のことですが、若い頃の様々な経験が実際の現場で役立った瞬間でした。

修業時代とジャンボチェアの話

私は１９６７（昭和42）年に叔父の武道に強く勧められて、コカ・コーラ社からイズミ家具インテリアに転職しました。

しかし家具業界について何も知らない私は、東京・入谷の歴史ある家具問屋・ダイクラに修業に出されることになりました。３か月の修業期間、私はロープの荷架けや縛り方の手ほどきを受け、樹木の種類、突き板の木目の見分け方、家具の分類などを教えてもらい、販売助手を経験して充実した日々を過ごしました。

終了日にダイクラの倉島社長から手当てを頂戴したのですが、武道にその旨報告すると、

ダニエル店頭のジャンボチェア

「きみにはうちから給料を渡しているのだから、二重取りになってしまう。返してきなさい」とひとこと。

しかし倉島社長も、

「店長からきみがよく働いてくれたことは聞いている。お礼の気持ちを示したい」と譲りません。

押し問答の末、

「それでは、イズミ家具の開店祝いになにか考えよう」と一件落着。

それがあの元町名物ジャンボチェアだったのです。

この椅子は、戦後の日本の木製家具が輸出産業を支えていた時代、飛騨産業がデモ用に作ったもので、問屋の玄関に置かれ長年話題にものぼりませんでしたが、元町でデビューしたとたんにTVにグラビアにと取り上げられ、店の販促に一役買いました。

『ズバリ！当てましょう』というクイズ番組で、双子の人気歌手ザ・ピーナッツに紹介されたり、数々のヒット曲で知られるロックグループ・ゴダイゴのレコードジャケットに採用されたりと、その後も人目につく機会が多く、すっかり元町を象徴するモニュメントとなったのです。

ジャンボチェアが目をひく元町ダニエルのショールーム

家具業界の研修旅行でアメリカに行ったときのこと。同行していた大正堂の社長が、ある日、元町にあるものと同じジャンボチェアが飾ってあるのを見つけて、「アメリカにはこんな大きな椅子があるんだな」と感心することしきりでした。そこで、「これは日本で作られて輸出されたものですよ」と私が指摘すると、たいへん驚かれていました。

ジャンボチェアは木製ですから、水まきや雨水の影響で脚の底部が傷んでしまいます。当初は痛んだ部分を切り落とし、高さを合わせるために他の脚も揃えていたものですから、丈がずいぶん縮んでしまいました。

そこで脚に板を渡して補強し、底部にキャスターを付けることで木部の水濡れを防ぎ、移動もしやすいように改良しました。また、当初は木地の色を生かしていましたが、後に赤く塗装し、PR性を高めました。

色鮮やかに生まれ変わったジャンボチェアは、いまも子どもの遊び場としても人気があり、元町を散歩すると、近所のお母さんが子どもたちを椅子に乗せて遊ばせている姿を目にすることがあるはずです。

コロナ禍のつい先ごろ、ジャンボチェアをしばらく修理に出していた時期があります。すると、店頭から消えたチェアを心配した手紙が店に届きました。

近所にお住まいの方で、店の前を通るのでその不在が気になって手紙を書いたとのことです。書面には子どものころから見慣れてきたチェアへの愛着が綴られ、同じ思いの友人とのＳＮＳで大きな話題になっていると書かれていました。

ダニエルが地域の人々の間で象徴的な存在として大切にされていることがよくわかった、よろこばしいエピソードです。

第2章　ダニエルの誕生と躍進

ダニエル誕生

協業組合ヨコハマクラシック家具グループ創設

咲寿武道は、私をイズミ家具インテリアに入社させると、横浜家具の発展のために組合活動になおいっそう力を入れるようになりました。私も後押しを惜しみませんでした。

以前から元町周辺には、後藤、睦、宮崎、中島、信栄舎といった製作工房が点在し、カバザクラ（樺桜）やナラ材を素材として無垢板の商品を作っていました。また、椅子張りも大河原、鈴木という二大勢力が技術を競っていました。竹中、吉田、松下、泉屋（イズミ家具インテリア）、三光家具などが、これらの製作者に仕事を発注していましたが、大手の規制家具店の進出により環境は激変してしまいました。既存家具店は、全国の産地から安い商品を入荷し、チラシによる訴求やバーゲンセールにより販売を拡大。大型店舗の進出も目立つようになりました。

ダニエルでは現在、北海道日高山脈から得られるカバザクラを主な材料として家具を作っていますが、こうした良質の家具は大型店の量産家具に押されて弱体化している現状でした。前身の湘南木工は音響機器のキャビネットの量産で食いつないでいる状態で、家具業界から軽く見られていました。

良質な横浜家具の組合の当初の目標は、各企業の協業化推進でした。

しかし、従業員3～4人程度の零細企業であっても一国一城の主としてのプライドが高い組合員は、自社は独自の販路を確立しているから、などと協業化に抵抗を示しました。

武道は実業家でしたが技術職ではありませんでしたので、このような人々の心を掴んで束ねるのは苦手でした。また、思考より実行の人であり、とにかく何かをはじめなければならないと協業化を訴えたはいいものの、将来の青写真がなかったので、参加した組合員にも戸惑いがあったのでしょう。武道とともに組合の先導役として活動していた尾崎氏が、なかなかまとまらない組合の悩みを訴えていた姿がいまも目に浮かびます。

私たちは家具業界の技術向上のために塗料製造のユニオンペイントから技術者を招聘、クラレが運営していた北海道民芸から量産システムやコストダウンの指導を受けたり、関西市場で神戸家具を確立していた永田良介商店を訪ねて市場づくりのアドバイスを受けるなど地道な活動を続けましたが、問題の根本的解決には結びつきません。

まとまらない組合の現状にしびれをきらした県の組合専務理事は、武道になんとかならないものかと相談を持ちかけました。すると武道は、大学で組織運営に従事し企業勤めも経験した実務能力を見込んで、私に販路開拓と全体統括を一任したのです。

私は期待に応えるべく、まず計画の全体像を描くことから手を付けました。

そのとき掲げたロードマップがこれです。組織の協業化と横浜家具販売促進のために必要な対策を提案しています。

一、販路開拓
・デパートの直接取引開拓（既存の取引先では商材が不向きであり、新鮮さがほしかった）
・新規取引先の販路開拓

二、ブランドの確立と商材
・木製家具の将来性と独自性の確立

・ロゴマークを商標にする企画を立案
・トラッドを基調としたトータル家具の提案
・技術指導者の候補者選択
・内部社員のデザイン登用
・開発商材の資金調達

三、デザインのトータル化
・単品商材からの脱却
・買い足しに魅力ある商材の開発
・国内産地商材と協業他社・地域（神戸元町）との価格帯・差別化
・内地材へのこだわり

この計画を県組合幹部に説明し、了承と協力の約束を得て、1972（昭和47）年、協業組合ヨコハマクラシック家具グループが創設されました。

家具業者の協業化がここにスタートしたのです。

〈ダニエル〉ブランドの確立

協業組合が成立すると、武道と私に課された課題は、主導役としての湘南木工とイズミ家具インテリアの活性化です。

コカ・コーラ社で学んだ経験から、湘南木工やイズミ家具インテリアもブランド化が急務だと私は考えていました。

近年のマーケティングでは、ブランドの訴求が新製品の売れ行きを左右すると言っても過言ではないでしょう。

当時、家具業界でブランドを確立していたのは、日本国内ではフランス・ベッドくらいでした。フィンランドのアスコや、フランスのエアボーン、イタリアのカッシーナ、アメリカのハーマンミラーなどは、ブランドの知名度を生かして国内で売り上げを伸ばしていました。

「北欧家具が好きでアスコの家具を持っているので、買い増しをしたい」などと若い婦人が言っているのを、店頭で何度も耳にした覚えがあります。

ダニエル創業時の咲寿武道と高橋保一

私は多くの人に親しめるブランド名を探しました。

あるとき、日本で曲が大ヒットし、テレビにも出演していたフランスの女性歌手ダニエル・ビダルの〈ダニエル〉という言葉が耳にとまりました。濁音で始まるその響きに惹かれて百科事典で〈ダニエル〉を調べたところ、この名前は男性名詞DANIELE、女性名詞DANIELとして両性に使われ、旧約聖書の預言者のひとりにも名が挙げられていました。

西洋家具のブランドとして覚えやすく、親しみがあり、信頼性・信用性を感じさせるネーミングを探していた私は、この名前をいろいろな人に話して感想を聞くと、予想以上の好感触でした。

私は自分の直観を信じて〈ダニエル〉を採用しましたが、この名前が将来これほど役に立つとは思ってもいませんでした。

さっそく友人の井澤特許事務所に依頼して商標登録を出願すると、類似調査等をすべてクリアして商標は承認され、１９７３（昭和48）年、〈ダニエル〉のブランド名で全国市場へ家具を販売することになりました。

新しいブランドを全国展開するには、ブランド戦略（ブランディング）が必要です。企業イメージや理念をブランド名やロゴ、イメージカラーなどに託し、消費者に訴えかける戦略で、以前はＣＩ（コーポレート・アイデンティティ）と呼ばれていました。

しかし、日本で最初にＣＩを導入したのは、１９７５（昭和50）年のマツダ（東洋工業）だと言われているように、ダニエルが発足したころ、そんな考えやＣＩという言葉自体誰も知りませんでした。

私がこのような考えを進めることができたのは、やはり外資企業勤めの成果でしょう。

日本に先駆け１９６０年代からＣＩの重要性が叫ばれていたアメリカの中でも、コカ・コーラ社は１００年以上前からＣＩを実践してきた企業です。同社に勤務していたことで、そのような社風がいつの間にか身についていたとしても不思議ではありません。

ブランド名が決まると、私はロゴとトレードマークを朝日広告社の秋山哲哉氏に依頼しました。その際、作業着姿の家具職人の姿を、検品検査終了の証明として押される焼印風に、という具体的な要望を伝えました。

　こうしてできたのが現在のダニエルのトレードマークとロゴです。

　後の話になりますが、〈ダニエル〉という名前には思いがけない効能もありました。

　輸入業務を開始したころ、海外の取引先や提携工場に出向くと、関係者やその家族の中に、ダニエルというファースト・ネームを持つ人がけっこういて、その後の商談や打ち合わせがスムーズに運んだ経験がいくつもあります。

海外でも〈ダニエル〉は親しみやすい名前だったのです。

組合の結束を固める

協業組合はスタートしたものの、家具業者の抵抗は収まりません。

一匹狼の存在で誰からも干渉されたことがなく、わが道を行く人々は組織には馴染めず孤立する人々も出てきました。

私に対しても、「家族のない若い連中は責任感がない、言い出しっぺで逃げ出すぞ」という目で見る人が多く、企画の本質と重要性を説いてもなかなか理解されませんでした。

例えば、製品の品質保証の意味で一点一点に焼印を押すという提案に対してさえ、「家畜じゃあるまいし、焼印を押して一生製品保障しなければならないなんて考えられない。そんな提案は受け入れられない」という意見もありました。

私は主張しました。

「自分たちの誇りを持った仕事の証しが商材ではないですか。競合品がひしめく現在、そんな責任逃れの態度でものづくりをするなら価値がないでしょう。

確かに私はまだ若く、経験も浅いですが、この仕事には情熱と信念を持っています。もし考え方を異にするなら脱退してもらってもかまわないし、仕事に真摯に取り組む親方たちだけでも理解していただけたら、少数精鋭でやっていきたい」

すると組合員の中にも、「われわれは横浜家具の復興のためにこの組織に集結したのだから、高い理想をもつのは当然ではないか」という意見を言う人が出てきました。

その熱意が一匹狼の親方たちを動かしました。

「俺たちは30年、40年と無垢のカバザクラの原木に向かって家具を作り、家族を養ってきた。ものづくりの信念は誰にも負けない。俺たちはお前の理想のもとに精一杯頑張るから、販売の方は頼んだぞ」

こうして協業組合は一致団結し、動き出したのです。

元町本店を拠点に販売活動を積極化

組合活動が軌道に乗りはじめたころ、私は積極的な販売活動をスタートしました。最初に取り組んだのは移動販売です。

東京で成功した業者の手法をまねたもので、トラックで各地を回り、団地の空き地や駐車場で商品を展示、営業活動をしたのです。しかし、安易なものまねはうまくいきません。接客対応は万全、それなりに自社の存在は告知できましたが、知名度の低い会社がよその土地で店開きしても、なかなか関心をもってくれないのです。また、そのころは自社商品のラインナップが十分揃っていなかったので、外部卸業者の商材で不足分を補っていたことも敗因のひとつでした。

昭和50年代頃の元町チャーミングセール（写真提供:協同組合元町SS会）

この失敗から得た教訓は、まず第一に自社の商材を揃えること。そして、地元元町で知名度を高め、地歩を固めることです。

私は、元町の店舗を最後の砦と考え、背水の陣で勝負をかけました。

まず、新入社員は大卒の専門職を採用し、テキスタイルデザイナーの中川千早女史に社員教育を依頼しました。中川女史の夫君は東京造形大学教授・映像作家の中川邦彦氏で、ダニエルの映画を製作してくれた方です。作品は残念ながら岡野の社屋火災で焼失してしまいました。

販促の手始めとして注目したのは、横浜元町のチャーミングセールです。

元町商店会では、１９６１（昭和36）年から、〈チャーミングセール〉と呼ばれる、年に2度の大売り出しを始め、「お洒落な街、元町」というイメージの増進に寄与しています。1972（昭和47年）秋と翌年春のチャーミングセールについて、私は仕入れや運営の企画を任せてほしいと武道に願い出ました。責任を負うことで、自らを追い込んだのです。

そして目標達成の暁には、社員全員をハワイ旅行に連れていくとまで宣言し、これを実現しました。この企画の成功により、社員の結束が高まり、まずは元町店の地歩を固めるという私の戦略は間違っていなかったことがわかりました。

トータル家具の提案

イベントの成功で資金調達のメドがたつと、次に私がとりかかったのは魅力あるトータル家具の製造と販売です。

それまでの家具業界は、タンスならタンス、テーブルならテーブルという単品販売しか頭にありませんでした。しかし、住宅の新築時には、家具は単品ではなく、まとめて購入されます。その際、施主は部屋のイメージに合わせた家具を選択したいと思うはずですが、販売する側にその考えがないのです。インテリアコーディネーター試験が始まる10年も前のことですから無理もありません。

カバザクラの無垢材で作るダニエルの家具は、単品でも魅力と価値がありますが、トータルで提案することで、暮らしのレベルを格段に向上させます。

家具店の生き残りはトータル提案にありと私は確信していましたが、日本にはまだそのような提案をする家具業者がありませんでした。

そんな折、アメリカのインテリア雑誌に掲載されていたイーセンアーレンの家具に私は、ダニエルの将来を見出したのです。その訴求方法こそ、まさに「トータル提案」でした。リビングルーム空間に同社の家具が配置され、カーテンと椅子張りのファブリックスまで統一されて全体のデザインに見事に溶け込んでいます。

このサンプルをもとに。デザイナーでありダニエルの顧問であった石川謙蔵氏に依頼し、ダニエル初めてのトータル家具が誕生しました。この考え方は現在にも引き継がれたばかりか、他の家具業者にも大きな影響を与えました。

春のチャーミングセールが成功裏に終わった年の５月、私は元町本店で、トータル家具の第一回展示会を開催しました。

この展示会は一般消費者向けでもありましたが、販路拡大のためのPRという狙いがありました。〈ダニエル〉というブランド名を表示し、トータル家具の提案をさせてくれる売り場を探していたのです。

各方面への告知が実って、展示会の前々日、日経新聞に横浜の家具づくりのニュースが掲載されました。その記事をご覧になった三越デパート本店・家具仕入れ本部の小川部長が、部下数名を引きつれて展覧会にお越しになり、商材を高く評価してくださったのです。

これをきっかけに三越本店に新規口座を開設できることになりました。デパート取引は簡単に口座が取れないものですが、たいへん幸先のよいスタートを切ることができたのです。その後、高島屋、松坂屋、伊勢丹など都内主要デパートの本・支店、さらに九州博多の岩田屋、井筒屋、仙台の藤崎、北海道釧路の丸三鶴屋、函館の棒二森屋、札幌の今井・三越店など連携が拡大したのも、展示会の成果であるとともに、町そのものがブランドである元町に立地していた幸運といえるかもしれません。

すでに取引関係にあった名古屋のオリエンタル中村百貨店（現・名古屋三越）の福田課長も展示会にお見えになっていましたが、そこが三越の提携先であったことがわかり、その後の展開に大きな力を得ました。

方針は固まりつつありましたが、課題は山積みでした。

コストの問題もそのひとつ。価格面でダニエルの家具は、合板や集成材で作る量産家具に太刀打ちできません。

そうはいっても、消費者を広げるためにできるかぎりのコストダウンは必要です。

当社では、北海道民芸家具を製造販売していたクラレに量産システムを学ぶなど、その方法を模索していましたが、なかなかコスト削減は難しく、組合員に不満も続出していました。

課題の解決には、ブランドの訴求と強力な指導体制が必要でした。

ダニエルとイズミ家具インテリア

話は前後しますが、神奈川県家具工業組合とイズミ家具インテリアが協業化でもめていたころ、難題を解決する手段として販路開拓の責任印を押して県へ提出し、許可を取得したことがあります。そこにはブランドの確立、デザイン開発、家具に精通した技術者の要請、販路開拓、業務用からホームユースへの転向という意図がありました。

このような課題を解決するためには、製造部門と販売部門にそれぞれ強力な指導体制が必要でした。

そこでイズミ家具内に新部門を組織し、製造部門は協業組合に責任を持ち、企画営業面は新規部門に体制づくりを担わせることとしました。

新規部門は県下家具協同組合員が出資して新会社を設立。1972（昭和47）年11月、株式会社ダニエルが発足しました。代表取締役に咲寿武道、常務取締役に高橋保一が就任、翌年4人の新入社員を採用して本格的にスタートしました。

次ページの図は、現在の協業組合の概念図ですが、この考え方は当初から変わっていません。製造面ではダニエルが主体となって職人を組織し、販売面ではイズミ家具インテリアが率いて販路の拡大を目指します。

販売部門の活動は、先ほど示したように、元町店を中心とした展示会やセールの効果が徐々に形になりつつありましたが、製造部門でも進展がありました。

三光家具の富沢市五郎氏のご子息が日本ビクター㈱（現JVC・ケンウッド・ホールディングス㈱）の意匠部長をされていましたが、県下の大和工場で脚物の一部生産を指導し

協業組合ヨコハマクラシック家具グループの概念図

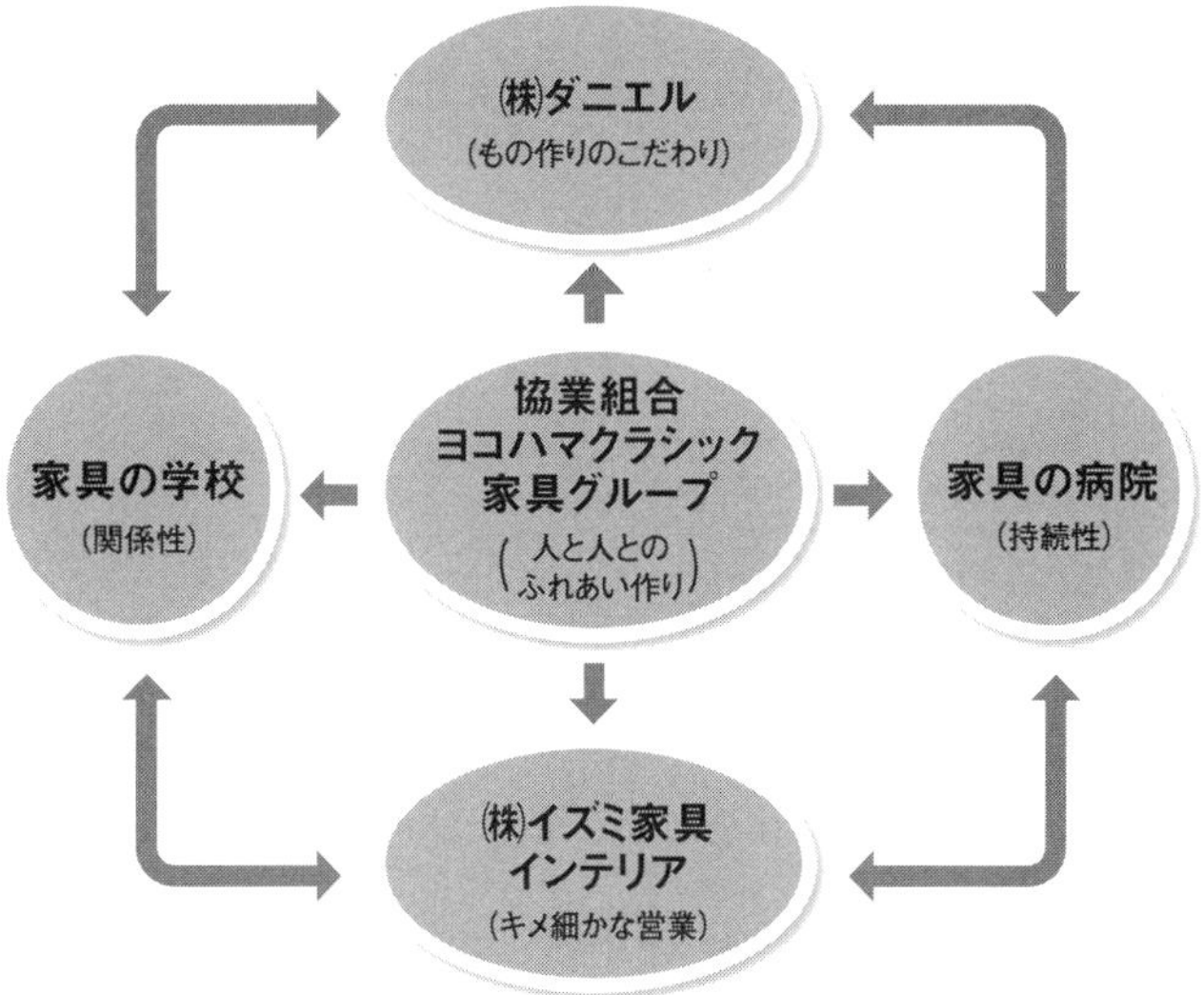

ていただいたこともそのひとつです。

ブランド浸透の余波――類似デザイン事件も

こうして着々と企業体質の改善が進められましたが、さらにブランド名を高めるために私たちは次々と対策を繰り出しました。

ダニエルの家具は、百貨店を主とした高級志向の流通店への経路拡大を目指していました。そこで、湘南木工㈱の既存取引先には卸さないよう社員や組合員に言い渡したのです。もちろん反発は多く、そんな営業はできないと退職した社員もいました。

しかし、ブランド価値を高めるためにはいたしかたない戦略でした。先の展示会でおつきあいのきっかけができた三越に、まず私は積極的にアプローチしました。三越と提携していた名古屋のオリエンタル中村にも援助を求めて取り組みを開始。順調に販路を伸ばしました。

地元横浜の高島屋にも再三アプローチしました。当初は、他社の類似品を扱っているからと断られましたが、粘り強い営業を続けた結果、横浜クラシック家具の本流はダニエルであり、他は亜流であると理解していただき、2年後にようやく取引開始にこぎつけました。

こうしてダニエルの家具は、横浜の伝統的な西洋家具としての知名度を着実にあげていきましたが、ブランドの浸透にともなう弊害も生じました。

協業組合では、イズミ家具インテリアの大畑に技術指導を一任していたのですが、大畑が技術指導者として推薦していた組合員の一人にA氏がいました。A氏は当初からダニエルが主導権を握っている組合運営に批判的で、この技術指導にも「何で競争会社へ技術を貸さねばならないのか」という態度でした。

東京の主要デパートで商品が枯渇していた時期がありますが、そのときA氏は自ら製作した家具を闇ルートに流しました。それが発覚したのは、繊維関係のブローカーから私のところに、「習志野の倉庫に貴社の商品があるので買い取ってほしい」と連絡が入ったのがきっかけでした。さっそく現場に出向いて商品を見ると、明らかにダニエルの商品ではありません。

「間違いない、御社の家具だ」とブローカーは引き下がりませんでしたが、私は自信を持って言いました。

「ニセモノですよ。ダニエルは商材すべてに焼印を押しています。それを確認してもらえれば、はっきりします」

ブローカーは一点一点商品を調べましたが、どれひとつとして焼印は押されていませんでした。当初組合員が導入に抵抗した品質保証の焼印が、さっそく役に立ったというわけです。

「しかし、これは御社のAさんから購入したんですよ」とブローカーが事情を説明して、A氏の不正が発覚しました。資金繰りに困窮してのはかりごとだったようです。

同様の類似デザインは、他の家具産地でも作られ、展示会やバーゲン会場にはそのような類似のデザイン家具が多数出品されていました。わが国の意匠権の不備もあり、私はいちいち業者にクレームをつけることはしませんでした。類似商品はしょせん場当たり的であり、企業哲学の片鱗もありません。一時期は売れても、自然に市場から消滅していくものと確信していたのです。

帝国ホテルでの展示会

1974（昭和49）年7月、ダニエルは帝国ホテルで新製品発表会を開催しました。

人との偶然の出会いがダニエルの進展を支えているといっても過言ではありませんが、その大切さをこれほど感じたことは他にありませんでした。

１９７０年頃に入社したデザイン系の女性社員が、結婚を機に退職することになりましたが、お相手が帝国ホテルに勤務する川嶋氏でした。

女性社員はデザイナーとして自立する夢を持っていましたが、結婚により断念することになりました。川嶋氏は自分たちの都合でダニエルにも迷惑をかけたことに心を痛め、「帝国ホテルで御社の展示会を開催しませんか」と誘ってくださったのです。

ダニエルを立ち上げたばかりの私は、格式の高い帝国ホテルでの展示会など考えてもいませんでした。周囲からも「まだ早いのでは」という声が多数でした。しかしせっかくのお誘いですから、ダメモトで三越に相談を持ちかけました。すると、「帝国ホテルなら応援するよ」のひと言。

こうして三越のバックアップもあり、新館建設で改修予定だったレストランシアター最後の催しとして、ダニエルの展示会を開催する運びとなりました。

千載一遇のチャンスでしたので、私は全精力を運営に傾けました。

営業部隊を組織、地域戦略を立て、企業の大小に関わらずきめ細かい営業活動を推進しました。消費者に私たちの信念、希望、メーカーの真髄を伝えてくれるパートナーの開拓をめざしたのです。

商品も会場にふさわしく、手づくりの一品生産をアピールできるラインナップを立案。運営の人手が不足していたので、社員の娘さんにも声をかけて総力戦で臨みました。会場費を節約するため、前日の夜中に設営、伊勢原工場からピストン輸送してようやく当日に間に合わせました。

展示会は大盛況でした。

三越の顧客を主とした一般の方々と業界関係者で、2日間で400名の来訪があり、大口の新規取引先7社を獲得しました。一般客が会場で発注購入する姿を見て、業界関係者も「これは売れる商品だ」と納得されたようです。

また、期間中に帝国ホテルに滞在していた外国の方が、展示会を見た後、三越本店で当社のリビングセット、ダイニングセット、整理ダンスを計180万円お買い求めになるというおまけもつきました。

開催を誘っていただいた川嶋氏、設立間もない小企業の展示会を快く引き受けてくださった帝国ホテル、惜しみない応援をくださった三越の皆様には、あらためて心からの感謝を申し上げます。

インテリアデザイナー・高橋和子

イズミ家具インテリアの元町本店は、当初品揃えが間に合わず、静岡の類似商品を並べたりしていました。

元町本店には４人の新人が配属されていました。ショールームは3フロアあり、1、2階はそこそこの成績を上げていました。しかし、もともと倉庫だった3階部分は空調設備もなく、売り場としての魅力に欠け、3階の担当者は数字も上げられずいつもぼやいていました。

しばらくして私は、この3階の担当者から相談を受けました。いまのうちに家具設計を本格的に勉強したいというのです。彼女は女子美術大学の産業デザイン科を卒業していたこともあり、もともとデザイナー志向でした。向学心に燃えた才能を売り場で埋もれさせるのはもったいないと考えた私は、ちょうどそのとき湘南木工でデザインと技術顧問をされていた石川謙蔵氏に指導を依頼しました。

伊勢原工場と元町本店を行き来しながら、彼女は家具類の試作、製作図面に没頭し、めきめき才能を開花させました。

横浜クラッシック家具のレジェンド富沢市五郎氏の弟子で、天皇陛下儀式用御椅子やホテル・ニューグランドの家具など数々の名作を残した石川氏の薫陶を受けた彼女は、クラシック家具の鈴木工場長や石川氏の教えにより家具業界で独り立ちすることができた私と共通の意識を持つようになりました。

仕事のパートナーとして意気投合している姿を見守っていた叔父の武道が、あるとき見かねたようにこう言いました。

「かわいそうなやつらだな。そんなに気が合うなら結婚したらどうだ」

この相手が私の妻・高橋和子です。

石川氏のもとで設計を学んだことで、彼女は職人との打ち合わせ、技術的な問題や作業手段など、現場に密着したデザイン手法を身につけました。アート志向のデザイナーはえてして現場の事情に疎いもので、コスト削減や作業性の向上など頭になく、職人たちは不満をつのらせます。石川氏や師匠の富沢氏は、現場に強いデザイナーでした。その教えを受けた和子が当社の心強い勢力になったことは言うまでもありません。加えて彼女は、元町本店での接客経験を経ています。消費者の生の声を店で聞き、それを設計に生かすことができました。

そしてなにより私が感服するのは彼女の仕事に対する根性です。常に前向きで、仕事に没頭する姿勢は入社以来変わらず、出産直前まで設計図に向かっていた姿はいまも目に焼き付いています。

ダニエルのその後の発展に彼女が果たした役割ははかり知れないものがあり、気恥ずかしくてなかなか表に出せないのですが、感謝の気持ちでいっぱいです。

人材の充実

優秀な社員が次々と入社し、営業、業務勢力も充実してきました。

ダニエルの発足当初、長野県から高校卒で来た原直樹は、一生懸命仕事に慣れようと業務関係で励んでくれました。しかし、胃がんを患い28歳の若さで亡くなってしまい、大変残念なことでした。

関西の市場開拓も考え、関西営業所の仕切りを堀内浩二にお願いしました。彼は私とともに四国、九州の市場づくりにも励んでくれました。

堀内氏の縁で大阪の春名秀紀も入社し活躍してくれました。彼は後に家業の不動産を継ぎましたが、いまもなにかと力になってくれています。

アメリカ帰りのイラストレーター藤巻公一はカタログ、広告製作、記録に手腕を発揮してくれました。後に転職しましたが、いまでも援助を惜しまない好人物です。

金物店の子息・小島祐一は修業の目的で入社し、営業で力を発揮して異業種開拓にも活躍しました。


とても全員を紹介しきれませんが、彼らのおかげでいまのダニエルがあります。

ありがとうございます。これからもどうぞよろしくお願いします。

ダニエルの躍進

渋谷パルコ・パート３に出店

１９７３（昭和48）年に開業した渋谷パルコは、若者文化の発信地として常に新鮮な話題を提供していましたが、パート3をオープンするにあたって、ダニエルの商品を出品しないかと打診がありました。堤清二社長と増田通二常務（後・パルコ会長）直々の依頼でした。

私はイズミ家具インテリアの顧客でもあった谷口朋子氏に要請し、店長として女性２名、男性１名の布陣で出店に臨みました。

こうして１９８１（昭和56）年、渋谷パルコ・パート3に、ダニエルのアンテナショップ〈パンハウス〉がオープンしました。ヤマハリビング、ロックストーン、オレンジハウスと並んでの出店でした。

先進の売り場での最先端の顧客を相手にした商売は、当社社員に貴重な財産を残してくれました。しかし、困ったこともあります。というのは、若者にとって渋谷があまりに魅力的な街であるため、送り込んだ新人社員が誘惑に負けて次々に転職してしまうのです。

大阪の取引先の社長から依頼を受けて預かったご子息もパルコの企業風土や渋谷の若者文化に染まってしまい、店長やその補佐にあたっていた福村稔は、気の休まるひまもなかったようです。

先進的な企業であるパルコは、どんな相手に対しても友達感覚で接し、こちらの言っていることが通じているのか不安になることもしばしばでした。パルコの担当者は、「ちゃんとコミュニケーションは取れていますから安心してください」と言うのですが、私の育ってきた環境やダニエルの考え方とは違います。

私は店長や福村に、得意先のご子息だからと遠慮せず、守るべきことは守るよう厳しくしつけてほしいと頼みました。その成果があり、郷里の親からは何度も感謝の手紙が寄せられました。彼はいま中国に渡って活躍中と聞きます。

流行に流されず、昔ながらの人づきあいを守った私たちの考え方が間違っていなかったと確信しています。

着実に浸透するブランド

ダニエルのブランドは着実に浸透していました。

１９７６（昭和51）年から翌年にかけて、ＴＢＳ系列で放映されたドラマ『赤い衝撃』は、一連の『赤いシリーズ』ではじめて山口百恵が主演を務め、後に結婚した三浦友和との共演で話題が沸騰しましたが、ドラマの主場面をダニエル家具が演出し、あこがれの家具として注目を集めました。演出家の野添和子氏がダニエルの家具をご存じで、採用されたのだそうです。このとき大量の家具を大汗をかいて撮影現場に運びこんだのを覚えていますが、「運び屋」の労力のかいあって宣伝効果は抜群でした。

これはこぼれ話ですが、三浦家ではこのときの家具を引き取って自宅で使用されているとのことで、最近、ご家族でダニエルの〈家具の病院〉を訪れたのだそうです。

そのときたまたま私は不在でお会いできなかったのですが、対応した社員が、「社長、当社は山口百恵さんのドラマの仕事をしていたのですか」と聞くので、「君は知らないのか。百恵さん主演のドラマのセットで納品したことがある」と答えると、「さきほど家具の修繕の相談で家族でお越しになってましたよ」と言うのです。

わが社の家具をこんなに長く愛用していただいていることに感謝するとともに、お目にかかれなかったことを残念に思ったものです。

ＪＩＣのこと――組織と対立して独自の道を歩む

１９７９（昭和54）年、ダニエルはジャパンインテリアセンター（ＪＩＣ）に〈ショールーム　ダニエル晴海〉を開設し、同時期に咲寿武道が3代目の理事長に就任しました。ジャパンインテリアセンター（ＪＩＣ）は、２００８年まで晴海で展開していた大手１２０社と取引する家具のショールーム兼ショップスで、日本の家具・インテリア業界の発展に寄与した大型施設でした。

ＪＩＣには当初、神奈川県が組合として参加していましたが、魅力ある商品を取り扱っている店が少なかったため、成績がよくありませんでした。ダニエルは前身の湘南木工の時代から参加していましたが、当時は音響機器のキャビネットが主力商品でしたので、島崎信先生にデザインしてもらった成形合板のリビングセットなどを出品していましたが、本格的な成形合板家具を作る天童木工などと比べると、どうしても付け焼き刃感は免れませんでした。

「湘南さんはキャビネット専門なのだから、家具なんて偉そうなことを言うな」という組合員の陰口に咲寿も私も歯がみしていました。

こうした業界の見方に対する反骨心が、横浜家具の復興を掲げた協業組合ヨコハマクラシック家具グループの設立と、無垢材を使用した本格クラシック家具を謳うダニエルの創設につながったといってても差し支えないでしょう。

会長に就任した武道は、ＪＩＣ商事という販売会社を作り、ＪＩＣ全体の販売促進を図ろうとしました。各店舗がＪＩＣ商事に商品を売り、商事が販売するというシステムをとったのです。

しかし、珍しく私は武道に強く反対しました。ダニエルのように独自の販売組織があるのに、利益をＪＩＣ商事に吸い上げられるのはおかしな話です。また、他店の商品と一緒にセールで値引き販売などされたらダニエルの価値が落ちます。さらに当時のＪＩＣの展示場は、県の組合員がそれぞれ商品を出展しているだけで販売員も置いていない状態でしたので、これでは売れるわけがありません。

そこでダニエルはＪＩＣ商事とは別の独自の販売組織を作り、ＪＩＣの展示場に直営のショールームを開設したのです。

他のショールームはすべてJIC商事が管理していたので、独自の出店だったダニエルは、ショールームに販売員を置かないと売り上げを取られてしまう恐れがあります。しかしこの展示場は頻繁に顧客が訪れるところではないので、ベテランの営業社員や販売員を置くのもどうかと思案していました。ちょうどそのころ、女子美大で織物の勉強をしたものの、織物ではなかなか職に結びつかないということでダニエルに入ってきた社員がいたので、中原ハウス工芸㈱から購入した織機で機織りをしながら商材説明を担当してもらうことにしました。

ダニエルのJICでのショールーム開設は話題になり、特注家具を主に優良物件を獲得することができました。JICの独自の活動としては、葉山にある宿泊滞在型の会議・研修センター・湘南国際村の什器を製作納品しました。

ショールームの責任者は、その後、建具職の社員を経て、私の祖母・前波ヤエの家筋にあたる前波総務課長が担当することになり、几帳面な仕事で親切第一主義を貫き、長年勤めて顧客づくりに励んでいただきました。

JICが解散した後、ショールームは虎ノ門の森ビル30の路面店に移転し、ダニエルのブランドイメージの向上に寄与してくれました。

海外との取引開始――イーセンアーレンの日本上陸

ダニエルの元町本店は、家具小売業であるイズミ家具インテリアが運営していますので、ダニエルの家具のほか、海外ブランドを含む他社メーカーの家具も扱っています。

海外ブランドを取り扱うきっかけとなったのがアメリカのイーセンアーレン社との取引です。

イーセンアーレンは１９３２年創設。コネチカット州ダンベリーに本社を置き、米国に２００店舗以上を展開するアメリカ屈指の家具ブランドです。クイーンアンやコロニアルスタイルなど、欧米の伝統的スタイルをベースとしたその家具は、ダニエルの考え方と共通しています。元町店を訪れるお客様からも、アメリカの雑誌を手にして「こんなインテリアができないか」と問い合わせをいただいたことがしばしばありました。

以前から私も、『ハウス・アンド・ガーデン』などのアメリカのインテリア雑誌を見て、住まい方をトータルで提案するそのＰＲ方法に着目していました。

その後、研修旅行でイーセンアーレンの存在を知り、表面的な商品の宣伝ではなく、自社の歴史や家具製造の信念、製品コンセプトから消費者に知らせるという、同社の姿勢に感銘を受け、同社がアメリカ全土で展開するチェーンオペレーションを日本にも導入したいと考えていました。

それを叔父に相談すると、武道も同じ考えだったようで、さっそく日米観光の里見社長に持ちかけました。武道は全国家具工業組合理事長として欧米の視察を頻繁におこなっていたので、里見社長にとっても上得意です。

私たちが相談に行くと、里見社長は、

「イーセンアーレンについては商社からも問い合わせが来ているよ」と言うのです。

しかし、商社はイーセンアーレンの哲学などには興味なく、ただ仲介をするだけです。私たちのような専門の業者が小規模でもコツコツと店舗を広げていくべきだと私は主張しました。

なるほどと納得した里見社長はすぐに同社の情報を調べ、そのうえで、

「君が本当にやる気があるなら、アメリカに出向いて、私が掲げるテーマについて自分なりにレポートにまとめてくれ。それをもとに咲寿会長を説得して、提携の話を進めようじゃないか」と仰るのです。

里見社長がそのとき私に命じた調査テーマは次のようなものでした。

・西海外のレビッツという大型量販店の、商品別メーカー別の商材を、わかる範囲で報告すること。
・ドレクセル社の店舗を商材と種類を調査し、イーセンアーレン社との違いを報告すること。
・バーカーブラザーの店舗内商材の詳細と年代層などを報告すること。

私は一も二もなく同意しました。

1977（昭和52）年、私と里見社長は前調査を兼ねて、ロサンジェルス、シカゴ、ニューヨークのイーセンアーレンの店舗やノースカロライナの工場などを訪ねました。工場では、たまたま研修に来ていた大分の㈱新像《しんしょう》の熊谷社長夫妻に出会い、当地の事情などを伺うことができました。新像は、家具の有名産地日田で良心的な経営を行っている企業です。経営者自ら研修のために渡米する熱心さに、私も刺激されたものです。

調査結果を報告すると、咲寿会長も自らイーセンアーレン社との提携に乗り出す腹を決めました。さっそく自らコネチカット州ダンベリーの本社に出向いて交渉することにしたのです。

1978年、武道は私を引きつれて渡米しました。

イーセンアーレン社でナット・アンセール会長（当時）と面談。
会長室で交わされた会話は、次のようなものでした。

会長「ご用件は？」
咲寿・私「御社の商品を日本に紹介し、販売したい」
会長「当社の商材と商品構成をご存じですか？」
咲寿・私「ライフスタイルに合わせたラインナップを取りそろえ、何万点もの商材があることを存じあげています」
会意「購入方式と金額についてはどのようにお考えですか？」
咲寿・私「コンテナ単位で計画発注を予定しています」
会長「日本での販売形態はどのように？」
咲寿・私「個店舗とデパートでの販売を考えています」
会長「携わる人員は？」
咲寿・私「営業、業務、デザイナー、通訳に人員を割り当てます」
会長「私たちは日本市場は把握していないのだが、出店の規模は？」
咲寿・私「第一号店は単独店で１００坪のショールームを展開します」

会長「その規模では当社の全体像を紹介するには不十分では？」
咲寿・私「日本市場の攻め方は当方にお任せ下さい」
会長「実はいま、日本の大手商社から提携の打診を受けているのだが……」
咲寿・私「商社の考えはボランタリーチェーンではないでしょうか。それだと一時的には売れますが、コントロールが難しく長い目で見ると続かないでしょう」
会長「御社は子供用の家具は扱っていないようだが、どう対応しますか？」
咲寿・私「子供は日々成長していくので色や柄、アクセサリー小物等で年齢に合ったインテリアを演出します」
このような会話を続けた後、アンセール会長は我が意を得たりという表情で、こう断言しました。
「すまないね。実はあなたがたを試験していたのだが、合格だよ。提携の話を進めようじゃないか」
話が決まると行動が早いのはさすがにアメリカ式です。会長はすぐに、日本事業担当者として、ルイス・ベルファーナ氏を指名しました。
ベルファーナ氏は「俺に任せておけ」という表情で言いました。

「会長は日本についてはほとんどご存じではないですが、私は進駐軍のＰＸ（売店）の仕事で日本に行っていたことがあり、ある程度は知っています。近々来日して市場を調査させてください」

イーセンアーレン社との提携計画はとんとん拍子で進みました。

来日したベルファーナ氏に私たちは、日本の市場を理解してもらうこと、ダニエルの信念を伝えることに専念しました。

製造販売のダニエルの家具は、メーカーの使命として、人々のためにどう社会に役立ち、かつ喜ばれるモノを、日夜研究・商品開発に没頭し、市場調査を重ねて試作し、商品として市場の展開を図るという堅実な仕事の中に生きがいを見出す小規模努力集団なのです。

ベルファーナ氏は当社の信念を聞き、三越などとの取り引きの実績を見て、これなら間違いないと確信し帰国しました。

こうしてダニエルとイーセンアーレンは正式な代理店契約を結んだのです。

ダニエルの元町本店にイーセンアーレン・ギャラリーがオープンすると、日本経済新聞の一面に報道され全国に訴求されました。

イーセンアーレンの日本上陸は、元町の顧客はもとより、全国の家具業者の間で話題沸騰し、各地の販売店からの来店、問い合わせが殺到しました。その結果、日産自動車の東京エーゼントのサアラ麻布、北九州のニック、大阪のモック、名古屋三越、銀座三越、仙台渡辺、札幌三越、横浜三越でギャラリー展開を実施、その魅力が全国に発信されました。

ダニエルでは取引先やインテリアコーディネーターらを招待してアメリカへの研修旅行を行い、イーセンアーレンを知ってもらうため、会社見学、工場見学などを行いました。こうした地道な努力が実を結び、ダニエルの初の海外事業提携は花開くことになったのです。

海外事業の新展開

ちょうどその頃のことです。神奈川県産業貿易協会の横山副会長から、アメリカのトラディッショナル家具メーカー・ヘンケルハリス社のカールトン・マロリー氏を紹介されました。マロリー氏は日本の家具市場の動向調査で来日していたので、私が日本の輸入家具の現状を説明すると、同社の豪華なカタログをプレゼントしてくれました。

このときの出会いが、その後の海外事業のピンチを救ってくれることになります。

というのは、イーセンアーレン社は1990年代、ペルシャ戦争の特需で財をなした富豪により買収され、新オーナーの方針で海外との契約内容が大幅に変更されたからです。日本では大塚家具と取り引きすることとなったため、ダニエルとの契約は解消する決定がなされました。

一方的な契約解消を告げられ、とても納得できるものではありませんでしたが、メンテナンスや引き取りの問題など処理しなければならない実務が山ほどあり、気持ちを切り替えて私たちは現地に出向きました。

このとき案内役を引き受けてくれたのが、取引開始のとき来日して市場調査を行ったルイス・ベルファーナ氏とジム・ブラウンという人物です。ジムは、イーセンアーレンのチェーン店の経営者の子息で、イーセンアーレンとの代理店契約を結んだ後、取引先をアメリカに招待し、同社の会社見学を行ったときに案内と通訳を勤めてもらいました。

その何年か後、イーセンアーレンの仕事とは関係なく、友好関係を結んでいた神奈川県とメリーランド州の親睦会の先導役でジムが来日し、親睦会の日本側の会長でもあった咲寿武道のところに挨拶に来て驚きの再開。すっかり親しくなり、ジムはその後もしばしば日本に来て交流を深めました。日本語が得意だったので、日本の新聞を読んで、「高橋、おもしろい記事があるぞ」とアメリカから国際電話をかけてくるというユニークな男です。

このときの渡米の目的は契約解除の後始末ばかりではありませんでした。イーセンアーレンとの取引がなくなり各地のショールームから返品が相次いでいて、同社にかわる質の高い提携先を見つけることが急務だったのです。重要な取引先である三越からも「なんとかしてくれないか」と強い要望がありました。

以前横浜で出会い、いただいたカタログを大事に保管していたヘンケルハリス社のマロリー氏のことが私の頭にありました。

新オーナーと事後処理の打ち合わせを済ませた後、ベルファーナ氏がワシントンＤＣに出向くというので、隣接のヴァージニア州にあるヘンケルハリス社のマロリー氏と面会を取り付けてくれないかと依頼し快諾されました。

ヘンケルハリス社の本社はヴァージニア州ウィンチェスターにありました。

マロリー氏との再開は、十数年前の日本での出会いがよみがえり、話がはずみました。勧められて見学した工場は、古ぼけてはいたものの整理整頓が行き届き、熟練工の手際は見事でした。品質、価格ともにイーセンアーレン社と遜色なく、当社の取扱商品としてなんの問題もありませんでした。

ヘンケルハリス社は収納家具などの箱物が中心で、椅子などの脚物があまりなかったので、マロリー氏に脚物が得意なノースカロライナの会社を紹介してもらいました。時間がなかったので、マロリー氏にジェット機をチャーターしてもらい、翌朝には機上の人となりました。

最初に訪れたのは、ノースカロライナ州に本社を構える椅子などの張り家具メーカー・テイラーキング社です。プライベート飛行場に背のすらりと高いオーナー自らが出迎えに来てくれて、工場を見学させてもらいました。この会社は商品の品質はよかったのですが、カジュアルな家具が主体で、ダニエルのテイストとはやや隔たりがありました。

昼食を済ませると、なんと次の会社からお迎えが。同じノースカロライナ州に本社を置く張り家具のメーカー・ハンコック＆モア社の工場のオーナーが来てくれたのです。

ハンコック＆モアでは工場の資材部から品質管理、作業部門、検品まですべて見学することができました。その後、納期や取引条件、カタログ、皮革、布地、縫製などのサンプルを渡され、充実した時を過ごしました。

箱物はヘンケルハリス、脚物はハンコック＆モアで商品が揃いそうだったので、私たちは急遽、三越の展示用に両社に家具を発注しました。すぐに高品質な商品ができあがって日本に送ることができ、三越からも感謝の言葉をいただきました。

契約解除されて意気消沈している日本の同業者を気遣ったのか、アメリカではどこへ行っても思いがけない厚遇を受け、私たちは感謝の気持ちでいっぱいでした。まさに「捨てる神あれば拾う神あり」であり、短い米国滞在の間の集約的な活動は、「時は金なり」を地で行っていました。

それもこれも十数年前のたった一つの出会いがもたらした幸運でしたが、人と人の信頼関係を重視し、一期一会の出会いに誠心誠意をこめる日頃の姿勢が報われたように感じたものです。

スティックレー――ミッション・スタイルの生みの親

スティックレー社は１９０４年、ニューヨーク州フェイエットビルで、レオポルト・スティックレーと弟のジョン・ジョージ・スティックレーにより設立されました。

レオポルドは、１９００年までニューヨーク州のクラフトマン・ショップで働いていましたが、同社の経営者であった兄のグスタフは、米国のアーツ＆クラフツ運動の中心的存在でした。

アーツ&クラフツは、英国でジョン・ラスキン、ウイリアム・モリスらによって主導され、産業革命が生んだ安価な量産品に駆逐されようとしていた職人による手仕事の復権、生活と芸術の統一を訴え、世界的に広まった運動です。

米国でもこの運動は、西部のグリーン兄弟、中西部のフランク・ロイド・ライト、そしてニューヨークのスティックレー兄弟らに多大な影響を与えました。

スティックレー社を興した兄弟は、1905年のミシガン州での展示会に最初の家具シリーズとして「ミッション・オーク」を出品し、業界に一石を投じました。アーツ&クラフツの思想を反映した簡素ながら精巧な作りのミッション・スタイルは、いまではアンティークの名品として当時の商品が高値で取り引きされています。

1920年代に入るとレオポルドは、「時代にあった人気のある仕上のデザイン」を提唱し、ニューイングランドやペンシルバニア地方の古い住宅を彼の感覚で改造する事業を展開しました。また、英国を意識しながらも、アメリカン・コロニアル様式を基本に、地元で産出するブラック・チェリー材の木目の美しさと堅牢さを生かした「チェリー・バレー」コレクションを開発しました。

インテリアデザイン、地産地消など現在にも通じるこのようなスティックレー社の活動は着実に評価を高め、1950年代には全国で最も信頼される家具メーカーとなっていました。

1974年にアウディ・アルフレッドとアミニー夫婦に買収されたスティックレー社は、アメリカン・クラシック家具の伝統を引き継ぎつつ事業を拡大し、現在にいたっています。

スティックレーは、イーセンアーレンとの事後処理で渡米したとき、イーセンアーレンのアンセール会長から紹介された会社です。

新オーナーに代わり、契約を解除された私たちを気の毒に思ったアンセール会長が、

「何か手助けできることはないか」と言うので、「どこか新しい提携先にふさわしい会社を紹介してくれないか」とお願いしたところ、「信念をもって経営しているユニークな会社がある」と紹介してくれたのです。

このときの渡米ではスティックレー社との会談は果たせませんでしたが、その後商談を重ね契約にこぎ着けました。

アメリカン・クラシックの同社の家具は、いまもダニエルの人気商品として引き続き取引を続けています。

アーコール——英国商務官の尽力で

その後も海外業者との提携は進みました。

1920年にルシアン・アーコラーニによって設立されたアーコール社は、北米、欧州の資源管理された森林地帯で伐採されたオーク、ニレ、ブナなどの堅牢な部材を使用し、近代的なコンピュータ制御と繊細な職人の手作業をかみ合わせた英国の老舗企業で、塗装には水溶性の塗料を使って環境にも配慮しています。

ダニエルは2002（平成14）年に日本総代理店契約を結びましたが、これを後押ししてくれたのは英国大使館の柳沢商務官でした。

アーコール社の家具は高島屋が扱っていましたが、高島屋工作所の閉鎖にともなって取引が中止になっていました。

柳沢商務官は自宅でダニエルの家具を愛用されているお得意様で、イーセンアーレン社などとの取引状況を知っていたので、「一生懸命やってくれる信頼できる会社だから」と、アーコール社に薦めてくださいました。そればかりか商務官は英国に渡ってアーコール社に話を通してさえくださったのです。

日本でアーコールを扱っていたファッションのアングローバル社と咲寿義

輝常務（当時）が交渉を重ねて、２００２（平成14）年に銀座松屋ほか全国店舗での取り扱いが開始されました。

シンプルでモダンなスタイルは若い世代にも人気があり、現在も当社の有力商品の一つです。

レイジーボーイ――思いがけない縁と出会い

レイジーボーイは１９２７年ミシガン州モンローで創業した家具メーカーで、当初から木製のリクライニング・チェアを製造販売し、いまやリクライニングチェアといえば「レイジーボーイ」と言われ、アメリカ・ナンバーワンとなっている企業です。

イーセンアーレン社との取引開始時期から交流があり、渡米の際も尽力してくれたルイス・ベルファーナ氏ですが、彼はその後、このレイジーボーイ社に転職しました。イーセンアーレンの副社長だったパット・ノートン氏が同社を辞めたとき、レイジーボーイ社の経営者として迎えられましたが、部下であったベルファーナ氏も一緒にこの会社に移ったのだそうです。

レイジーボーイとの取引が成立したのは、ベルファーナ氏との縁がものを言ったのは確かですが、もうひとつ、幸運な出会いがありました。

レイジーボーイの商品は当初、東京の家具製造販売会社㈱コスガが扱っていましたが、そのころ、ある貿易会社が別メーカーのスリーパーソファを輸入して販売していました。その会社の社長はアメリカから〈スリーパーソファ（ベッド機能付きソファ）〉を大量に仕入れましたが、まったく売れず倉庫に積み上げられていました。そのとき小坂宣雄という社員がダニエルの咲寿の噂を聞きつけ、部下の高橋という男は話を聞いてくれるはずだからと言われて私を訪ねてきました。

私は倉庫に眠っていた商品を全て引き取り、売りさばいてしまいました。それがイーセンアーレンとの取引が始まって何年か後のことでしたが、小坂氏はそのときの縁で、ダニエルの海外取引の実務の担当を勤めてくれて、おかげでレイジーボーイはじめその後の提携話がスムーズに運びました。

古民家再生で知られるカール・ベンクス氏との不思議な縁

建築デザイナーのカール・ベンクス氏は、現在、新潟県十日町市在住。古民家を改装した自宅「双鶴庵《そうかくあん》」で暮らし始めて四半世紀になります。古民家の再生事業や地域の活性化に取り組み、テレビや雑誌にしばしば登場する著名人です。

ベンクス氏は冷戦下の東ドイツ生まれ。19歳のとき、川を泳いで渡り西ドイツに亡命しました。浮世絵や細工物を通じて幼いころから日本文化に興味を持っていた彼は、空手を本格的に習うためにパリの日本人道場へ。そこで日本行きを勧められ、内装工事の仕事で稼いだわずかなお金を握りしめて船旅で来日しました。日本では大学の空手道場に通いながら店舗の内装工事をしたり、傘立てや椅子をデザインして生計を立てていました。

さて、そのころ私は叔父の武道に誘われて元町のイズミ家具インテリアで働き始めていました。ある日、一人の若者が店を訪れ、対応した私に自分がデザインした洒落たメッシュの傘立てを売り込みました。それがカール・ベンクス氏だったのです。彼は東ドイツから亡命したことや日本文化への傾倒を熱心に語り、デザインが気に入った私はその傘立てを店で販売することにしました。

その後ベンクス氏は西ドイツにもどってデュッセルドルフで起業し、日本建築を愛する地元の人向けに、和風のインテリアや茶室を作る仕事で成功を収めました。

1979（昭和54）年、私は妻の和子と当時一歳の長男義輝を連れて、パリ・ケルンの家具見本市に研修旅行に出かけました。現在もダニエルで人気商品となっている〈ティファニー〉というかわいらしいチェアは、このときの研修をヒントに開発したものです。

滞在先のデュッセルドルフで、ある晩私たちは日本食のレストランに入りました。店内は見事な和風のインテリアで統一されていたので店の人に尋ねると、地元で有名なドイツ人のデザイナーによるものだといいます。

しばらくして店員がやってきて「今日そのデザイナーさんが食事にお見えになっています」というのです。

見ると、忘れもしないあの若者です。私は彼のテーブルに出向いて、「やあ、カールじゃないか」と声をかけました。

彼はきょとんとしていましたが、元町の一件を告げるとすぐに思い出し、当時の思い出や現在の活動の話に花が咲きました。

彼は和風の建築、インテリアを地元の人に提供しながら、空港に日本の製品を販売する店を出す計画を進めていると言います。日本の古民家で使っていた家具や道具、素材などを売りたいというのです。しかし輸入が難しく難航しているとのこと。

そこで私が「静岡あたりにいい製品があるから紹介するよ」と言うと彼は、

「いや、高橋、違うんだよ。民家で使い古された品物の味わいは替えがたいものがある」

と強く主張しました。

彼の日本文化に対する深い愛情と理解をそのとき感じたものです。

ベンクス氏の「使い古された品物の味わいは替えがたい」という言葉は、ダニエルの〈家具の病院〉を作るきっかけにもなっていたと、今にして思います。

彼の活躍をつい先日テレビで見て、当時を思い起こし、ここに加えました。

私たちはテレビや雑誌で現在の彼の姿を知っていますが、半世紀近くたった今、カールに出会っても、とても私たちを覚えていないでしょうね……（笑）。

咲寿武道の功績とその信念

１９６７（昭和42）年、咲寿武道は社団法人全国家具工業連合会の会長に就任し、横浜家具にとどまらず、沈滞していた家具業界全体の活性化に取り組みました。

叔父の武道に導かれてこの業界に入った私は、終始武道の後ろ姿を追い続け、仕事に対する信念と姿勢を学びました。私を一端の経営者に育て上げてくれた恩人であり、尊敬する実業家です。

ダニエルの社長として、また、全国家具工業連合会の会長として活躍していたころの武道の実績や信念を伝える雑誌記事がありましたので、ここで紹介しておきます。

家具業界の現状と、ダニエル設立の経緯と意義、イーセンアーレン社との提携、業界の展望などについて、当時の状況と武道自身が何を考え、どう現状に立ち向かっていったかがよくわかる資料となっています。

出典は『実業の世界　1977年10月号』です。

消費者の根強い不信を解消し、家具業界の生き残り策を模索

㈱ダニエル　咲寿武道社長

問屋依存の経営から脱皮を図ろうと、横浜の中小クラシック家具メーカー一〇社が共同出資で設立したメーカー直結の販売専門会社ダニエル。家具業界に限らず、流通業界全般が不況のどん底だった二年前の五二年から、米国最大の家具会社イーセンアーレン社と提携し、国内でチェーン店「イーセンアーレン・ギャラリー」を展開しつつある。全国家具工業連合会の会長も務める咲寿武道社長は「消費者の信用を回復するには業界の経済原則による構造改善、つまり自然淘汰もやむを得ない。その中から、次の世代に引き継げる家具を作っていかなければ……」と、本物の家具づくりを積極的に模索している。

家具業界の現状

二年ほど前から、消費者の不信が根強くはびこっているのがこの家具業界である。最近の消費者の傾向として、〝高級家具〟に人気のウエートが移っている。高級家具への人気と言っても、単なる贅沢品志向とは違う。使い心地とか耐久性、また機能性を重視する消費者の意識の高まりだ。また、マンションの普及で洋家具への人気も上がっている。

現在、全国の家具メーカーはざっと一万三〇〇〇軒を数え、一兆円の家具を製造している。ところが、需要の方はと言えば八〇〇〇億円ぐらいしかない。安かろう悪かろうの乱売合戦を展開することになる。

これが家具に対する消費者の不信を植えつけた原因である。自分が一年前に一万円で買った家具が、現在八〇〇〇円に値下げされて陳列してあれば、「なんだ。そんな代物だったのか」とガッカリするのは当然であろう。

また、量産に気をとられて、丁寧な仕事をしなくなった。

二年前に作った家具の金具などどこにもない。いったん壊れたら粗大ゴミになってしまう。モノを大切にして使う省エネルギーの精神にも逆行していることになる。

乱売の結果は、倒産の続出。二年前など、全国で五〇〇件から六〇〇件もの業者が倒産した。

倒産について咲寿社長は、全国家具工業連合会長の立場からこう語っている〈日経流通対談〉

「債権者、債務者ともイージーになっている。債権者は三〇〇万円や五〇〇〇万円ひっかかっても、文句を言わなくなった。〝仕方がない〟ということなんでしょう。一方、経営者の方もあまり罪悪感を感じない。昔なら、社会に対する犯罪行為ということで、債権者会議では〝バカヤロウ〟と怒鳴られるし、小さくなっていたものです。自己破産も最近は簡単にする傾向がある。こういうことが乱売合戦を招き、消費者の不信を買う」

こうも言っている。

「構造改善事業を進めて来たがこれはもう終わりです。国の事業だが、地方自治体も半分お金を出す。しかし地方財政ももうそんな余裕がない。それに、金を貸すだけでは技術、デザイン、商品開発といった基本的改善につながらないことが多い」

業界についても政府の施策についても歯に衣を着せずに発言する人である。

ダニエル設立の意義

こうした信念がもとになって生まれたのがダニエルだった。

ダニエルは、前近代的な家具業界では数少ないメーカー直結の販売会社として、ちょうど石油ショックの頃の四八年一一月に産声をあげた。

家具づくりには職人技が要求される。だからメーカーは家内工業的雰囲気から脱却することは難しい。流通に関しては問屋依存型が多い。従って消費者ニーズを把握したり、それに応える体制を整えることも難しい。またメーカーブランドがなく、製品に関する責任の所在もはっきりしない。そのような現状を打破するためにダニエルは設立されたと言える。

具体的事業内容は「商品開発および販売政策の企画立案、家具の輸入」。以来、横浜の伝統洋家具の商品開発および販売業務を行って来たが、その後五二年一一月、米国最大の家具・インテリア販売会社イーセンアーレン・インコーポレーテッド（本社コネチカット州、資本金五〇億円）と業務提携契約を結び、日本で同社の販売ノウハウによるチェーン展開に乗り出した。

（中略）

イーセンアーレン社の経営哲学は①家具業界は消費者を中心に考えたものでなければならない②家具業界は、製造業というよりもサービス業である③独立しているディーラーとイーセンアーレン社との提携により、家具のマーケティングについてのイーセンアーレン方式を進めていく――の三点からなっている。

（中略）

チェーンに参加するにはイーセンアーレンの意図を理解した者でなければならない厳しさだ。

本物家具への愛情

（中略）

家具業界の新しい自然淘汰の中で、生き抜く道はどこに見出したらよいのか。

咲寿社長はこう語っている。

「正直な家具づくり、これしかないでしょうね。いわゆるヒット商品を狙って売れるということになればどっと生産する、というんじゃなくて、安定した商品、次の世代に引き継げる家具を作っていることじゃないですか、この業界、グループ化で大規模にやっていくというのが難しいので、それより、小さくても自分の専門分野を限りなく追求していく方がいい。オリジナルなもので、例えば十年間はモデルチェンジせず、お客様は毎年ひとつずつ買い足していけるような家具……。製品には長い保証をつけ、価格も二年ぐらい据え置いて、少しずつ上げていく、ともかく消費者にガッカリさせるようなことがあってはいけません」

咲寿武道の信念を継いでダニエルが目指すもの

この記事で武道が語っている「次の世代に引き継げる家具」こそが、ダニエルがいまも目指しているところです。

現在のダニエルは、その理想をある程度実現できたと確信しています。

しかし一方で、「グループ化で大規模にやっていくというのが難しい」という武道の認識ははずれたところもあります。

現在、問屋や小売店から出発した家具店が全国に店舗展開し、安価な家具を量販しています。高級家具で大規模展開を果たした企業も、次世代が安売りに転身しようとして御家騒動、分裂騒ぎにまで拡大し、本体は家電量販店に買収されるという残念な結果にいたっています。

このような家具量販店の動きを批判するつもりはありません。そうした需要が多いことは確かなのです。

しかし一方で、ダニエルと同じところを目指す良心的な家具メーカー、販売店が各地で育っていることも事実です。

「オリジナルなもので、例えば十年間はモデルチェンジせず、お客様は毎年ひとつずつ買い足していけるような家具……」を求める層、家具を家族の一員として末永く愛する層は確実に存在します。

ダニエルは、咲寿武道の信念を継いでその道を守りながら、家具を愛する人々に向けて新しい提案を常に発信し続けていきたいと考えています。

ダニエルの深化

横浜ルネサンス様式の確立

海外との取引が進む中、国内でもダニエルは、横浜クラシック家具の伝統を現代に生かすさまざまな取り組みを続けていました。

協業組合ヨコハマクラシック家具グループを設立した咲寿武道と私は、１９６０～７０年代にかけて衰退していた伝統家具の復興をめざし、〈ダニエル〉のブランドのもとに横浜を代表する家具職人の親方衆を集め、技術の伝承と後継者の育成を委ねました。

この時期に大活躍したのが、ダニエルを支えた伝説のクラフトマン・石川謙蔵、土谷義武、宮崎吉太郎、鈴木三郎、石井金蔵、三沢金吉の六人衆です。

木部を担当する親方は鈴木三郎です。木場で木の素姓を見分け、天然乾燥と人工乾燥炉で時間をかけて木材のよさを引き出し、堅牢で確かな造りのキャビネットを製作しました。

椅子職人の宮崎吉太郎は、優雅な曲線や丸みを南京かんなで仕上げるスペシャリストでした。また、挽物は土屋義武、椅子張りはエイトバイフォーシステムで型崩れや横振れのない座りやすさを最大限にいかした三沢金吉、そして仕上げの塗装部門は石井金蔵が担当し、弟子たちに技を教えながら製作しました。

横浜家具のデザインで活躍したのが、設計デザイナーでありダニエルの顧問であった石川謙蔵氏と、その教えを受けた高橋和子です。

弟子の高橋和子は今日に至るまでのダニエル家具製作とインテリア装飾設計を中心に活躍し、横浜に興った日本の洋家具である横浜クラシック家具にカバザクラ、ナラ（楢）などの素材を使い、彫刻やカーブを生かした、時代に左右されることのない本物の家具を確立しました。

その成果の公表と、後世への記録の伝承という意味で、１９８４（昭和59）年に製作された作品が『クラシック家具の父たちの家具』です。企画編集は弊社社員・藤巻公一が当たりました。藤巻は、アメリカに渡ってグラフィック・デザインを勉強していましたが、ダニエルの店先で当時実演していた挽物の作業を見て興味を持ち入社した変わり種です。グラフィック出身でしたので、当社のカタログ制作などにも携わってくれました。

このとき製作されたのが、いまも元町本店に展示されているアームチェアとキャビネッ

６人のクラフトマンの集大成

トです。

デザインは石川謙蔵氏と高橋和子が担当しました。若いスタッフが見よう見まねで描いたアカンサスの葉に石川氏が手を入れると、突然生き生きとした姿に様変わりするのを見て、私は本物のプロの腕に感激したものです。そのデザインをもとに彫り師の親方が彫るのですが、材料のカバザクラは堅牢で、石川氏の細かい注文に親方も悪戦苦闘していました。

製作にあたったのは、先ほど紹介した伝説６人のクラフトマンでしたが、彼らにとってもこの作品は、生涯の代表作となりました。

このときカバ材とナラ材の二種で製作

し、カバ材の方は、横浜市〈人形の家〉に寄贈されました。
伝統的なクラシック家具を、横浜が誇るデザイナーと職人が現代に甦《よみがえ》らせたのです。

ダニエルを支えた伝説のクラフトマン

ここでダニエルを支えた6人のクラフトマンのプロフィールを紹介しておきましょう。

石川謙蔵　明治37年1月3日生

クラシック家具デザイナー（湘南木工に入社以降、ダニエルのデザイン顧問として主要作品の設計に携わり、後進の指導にも力を尽くした）

大正14年　日本楽器大崎工場入社。
昭和8年　横浜三光家具製作所入社。宮内省、ホテル・ニューグランドなどの室内家具設計に携わる。
昭和13年　川島織物入社。大阪商船ブラジル丸・日本郵船新田丸、八幡丸、アルゼンチン丸、満鉄本社社屋、満州国宮廷等の特別室、家具設計製作。

昭和20年　エンプレスベッド㈱入社。リジュエー連合軍総司令官等の公私官庁の家具製作。
昭和26年　松坂屋誠工舎入社。秩父宮邸内家具一式設計。
昭和36年　湘南木工入社。横浜クラシック家具の復興に努める。

COLUMN

石川謙蔵と天皇陛下の御椅子

昭和26年、松坂屋の専用家具工場「誠工舎」にデザイナーとして入社した石川謙蔵は、その能力を見込まれ、松坂屋から昭和天皇の儀式用の椅子のデザインを依頼されました。宮内庁から都内のデパート3店に発注されたコンペでした。

石川は半年をかけて研究を重ね、背もたれの上に鳳凰、肘掛けの下にライオンの彫刻を施したルネサンス様式の設計図を描きあげ、見事採用されました。製作には50人の職人が携わり、1年半をかけて完成。28年の新年祝賀の儀で初めて使用されて以来、16年間陛下とともにありました。

この儀式用椅子が使用されなくなった後、石川謙蔵は御椅子と2度の対面を果たしています。一度は昭和49年、日本橋高島屋で開催された『天皇皇后両陛下大婚五十年展」で、さらにその10年後、日本橋三越が開催した『天皇―昭和を国民とともに』で再会したのです。

二度目の対面ではすでに80歳になっていた石川ですが、一生一代の仕事を昨日のことのように思い出し、感激を新たにしていました。

土谷義武　明治39年3月13日生
横浜洋家具木工旋盤伝承技術者（木組みホゾ加工、挽物など木工技術の名人）
大正14年　横浜市尋常高等小学校専科教員（工業科）拝命。
昭和10年　退職後、洋家具挽物製造所開業。
昭和33年　湘南木工㈱挽物班長として横浜家具の製作に従事。
昭和51年　神奈川県卓越技能者。
昭和53年　労働省卓越技能賞受章。
昭和56年　勲六等瑞宝章受章。

宮崎吉太郎　明治40年12月10日生

椅子職人（曲線や丸みのあるアーム、猫脚などくせのある形の椅子製作）
大正11年　永井木工所の徒弟に入る。
昭和６年　宮崎木工所設立。横浜クラシック家具の製作に従事。
昭和18～20年　兵役。復員後㈲元町木工所に社名変更。横浜クラシック家具の椅子製作専門工場として製作を続ける。

鈴木三郎　大正５年12月24日生

家具職人（木材の目利き、乾燥技術や木工技術を極めた家具職人）
昭和７年　家業である鈴木家具製作所に入所。横浜クラシック家具製作に従事。
昭和47年　協業組合ヨコハマクラシック家具グループ設立に参画。同組合副理事長兼工場長。
昭和56年　定年に伴い、㈱ダニエル技術顧問に就任。

石井金蔵　大正7年7月14日生
塗装職人（塗装、木彫など仕上げ加工のスペシャリスト）
昭和8年　木型工として徒弟に入る。
昭和14年　横須賀海兵団入団。
昭和20年　駐留軍用家具製造。塗装職に従事。
昭和40年　木彫刻家具製作。
昭和48年　協業組合ヨコハマクラシック家具グループに参画。千葉大学斉宮教授の指導を受けて技術を極める。

三沢金吉　大正10年3月18日生
横浜家具椅子張り伝承技能者（クラシック家具の椅子張り職人）
昭和10年　東京・芝、浜野製作所にて修業。
昭和16年　兵役。
昭和22年　高島屋岐阜工場にて米軍住宅家具製作に従事。
昭和24年　湘南木工㈱入社。横浜クラシック家具椅子張りに従事。

横浜クラシック家具の復興においては、クラフトマン六人衆のほか、中原ハウス工芸の中原宇吉氏の名前も記しておかなければなりません。中原氏は木工のスペシャリストとして、横浜ルネサンス様式のテーブルとキャビネット製作にあたっても、多大な協力をいただきました。

この方々が製作した作品から多くのものを学び取り、次世代に受け継ぐことが、現代に生きる私たちの務めといえます。

家具の病院開設

家具業は、材料の保管、製作、運搬、在庫、陳列のための場所を確保しなければならない宿命を負っているため、効率だけを考えていては成り立たない職業です。社員一人ひとりが生きがいと使命感を強く抱き仕事に向き合っていなければなりません。

ダニエルの家具は、職人が誇りを持って製作し、私どもが自信を持ってお客様に提供していますが、購入された方もそのことを十分に理解され、感動と愛着を覚える家具として、永年愛用していただいています。

家具の病院

よい家具は、使い続けることでなおいっそう愛着が増します。
先日もある新聞のコラムで作詞家の阿木燿子さんが書かれていました。
新しい家具を購入する余裕がなかったので、物置に眠っていた家具を持ち出し、汚れを拭いたり、ごしごし磨いたりしたら、色艶が蘇り光り輝いて見えた。家具は血の通わない物ではあっても、まるで感情があるかのように想いを語りかけてくれる……と。
ありがたみを感じて物を大切に使うことが、いまの時代に見直されています。実はそんな感覚が、家族の絆を深めることにつながっているのです。若い世代がレトロ感覚の物や世界観に愛着を感じているのも、その証左では

教科書に掲載された〈家具の病院〉

ないでしょうか。

　クラシック家具の製造はいまや貴重な伝統技術となっています。永年家具づくりに情熱を燃やし、ものづくりの精神を体で覚え、知識と経験を豊富に取得した職人が家具づくりに取り組んでいます。

　熟練の家具職人は家具の修理にも長けています。クラシック家具の基本的な技術を習得しているため、あらゆる種類の家具に精通しているのです。

　私自身も元町の店でお客様から家具の修復についてしばしば相談を受け、個々に対応していたのですが、こうしてみると愛用している家具が破損して困っている方々は多いのではないかと考え、1998（平成10）年、〈家具の病院〉を設立しました。

家具の病院については後章で詳しく紹介しますが、つい先日もTBS系の番組『バックステージ』で取り上げられ、破損し汚れた一人掛けのソファが、一人の職人の手で見る見るよみがえる過程が鮮やかに映し出されました。

家具の病院はまた、中学校の〈技術〉の教科書（『新しい技術家庭』東京書籍）でも取り上げられています。

時代は間違いなくリペア、リユース、リフォーム、リノベーションを志向しています。その動きに応えて家具の病院が誕生したわけですが、これは私たちにとっても、蓄積した技術の活用という意味でたいへん重要な位置づけにあります。

OZONE ダニエル東京

ある日、東京ガスの方がイズミ家具インテリアを訪ねてきて名刺交換をしました。その名が「若宮」でしたので、私が「父の友人の若宮小太郎さんという方を存じあげていますが」と話したところ、「私の父です」とのこと。偶然にも父の八・四会（旧制中学八中の4回生）の同窓でした。若宮小太郎さんは、朝日新聞社の記者から鳩山一郎さんの秘書に転身された方で、私も彼に憧れて中学時代まで政治に関心を持ち、新聞記者になりたいと思っていました。

訪ねてきた若宮氏の話では、東京ガスではそのとき新宿にインテリア館ＯＺＯＮＥの建設を計画していて、是非ダニエルに出店してほしいというのです。

小売のないショールームだということなので、咲寿会長は難しいのではないかという意見でした。しかし若宮氏が熱心に勧めるので、まだコンクリートを打っている段階の現場を見に行くことにしました。

建設中のビルを見てその計画の壮大さに感動した私たちは、パルコとマイカル本牧のイーセンアーレン・ギャラリーを閉鎖して、こちらに全力投入しようと決意しました。

そこでパルコの谷口店長と、イーセンアーレン業務で商品に精通していた小幡京子を中心に計画を進め、１９９４（平成６）年７月、ＯＺＯＮＥにイーセンアーレン・ギャラリーをオープンしました。

イーセンアーレンとの取引がなくなって以後は、ダニエルのオリジナルや輸入商品のショールームとして長年営業を続けてきましたが、経営方針の見直しのうえにコロナ禍が重なって２０２０年12月に閉鎖しました。

伊勢原ダニエルスタジオ

伊勢原ダニエルスタジオ開設

２０００（平成12）年に開設された〈伊勢原ダニエルスタジオ〉は、ダニエルのインテリアを実体験してもらうための施設で、工場見学ツアーのルートにも加えられています。

この場所はもとは、旧旅館を購入し湘南木工の寮として使用していたところで、伊勢原工場から車で10分ほどのところにあります。

ダニエルと湘南木工が合併し、咲寿武道の没後は施設が使われなくなっていましたので、伊勢原工場を見学する方々のために、完成

家具の学校

した製品としての家具とその家具を使ったインテリアを体験していただきたく、旧施設を改築して展示場としてオープンしたのです。

ダニエルスタジオには、キッチン、ダイニングなどのインテリアが再現され、室内ドア、回り縁、幅木、腰壁、キッチンキャビネットなどのパーツをご覧いただくことができます。

建て替える以前に物故者のための祠を庭につくり、いまもその祠で毎年4月16日に法要を行っています。

新社屋建設、家具の学校開校

伝統家具の技術を守り、活用し、将来につなげることはダニエルの使命でもあると考えています。

2003（平成15）年開校の〈家具の学校〉（初代校長・島崎信氏）は、伝統家具の製作技術と〈家具の病院〉で培った家具修繕のノウハウを一般消費者に公開し、家具への愛着をいっそう強めていただくとともに、家具を長く使い続ける魅力を伝えることができるクラフトマンの育成をめざして発足しました。

カリキュラムは、初心者に基本的な工具の使い方から教える「家具初級コース」と、初級コース、そして中級、上級を経てプロフェッショナルな技術者養成を目的とする「マスターコース」からなり、いずれも実習を主とした授業内容となっています。

過去には上級を修了して二級木工手加工技能士やイス張り二級の試験を受け合格した人もいましたが、制度が変わり、三級木工手加工やイス張り技能士は、実務年数にかかわらず受験でき、現在は初級コース修了で受ける人もいます。

家具の製作と修繕という特殊技能に特化したカリキュラムは注目度が高く、学校はこれまで15期を数え、当社をはじめ家具業界に就職して活躍している人材を輩出しています。

現在〈家具の学校〉は、諸事情により学校としての活動を休止していますが、このような本格的な技術習得の場が少ないことや、過去の卒業生からもう一度学び直したいという要望が強く、需要に応える方法を再開を含め検討しています。

旧吉田茂邸「楓の間」　再現された家具類

旧吉田茂邸の家具再現

吉田茂元首相が晩年を過ごした大磯の邸宅が２０１７年に再建されました。吉田の養父で明治期の実業家であった健三氏が１８８４（明治17）年に別荘として建築したこの邸宅は、戦後吉田が引き継ぎ、本邸として暮らすとともに、戦後政治の舞台としてさまざまな重要事項がこの場で話し合われました。吉田の没後も、１９７９（昭和54）年、当時の大平正芳首相とジミー・カーター米大統領が邸内「楓《かえで》の間」で日米首脳会談を行うなど、重要施設として利用されてきました。

吉田邸は２００９年漏電が原因とみられる火災で全焼。大磯町は募金活動を行い、再建

吉田茂愛用のソファ

工事に着手しました。その際、邸内で使われていたソファなど西洋家具の復元をダニエルに託されたのです。

これは難題でした。というのは、現物は焼失しているうえに設計図はもとより、写真も、家具の全景が映っているものは皆無だったからです。

高橋和子率いるデザインチームは、会談などの写真に写り込んだ家具の一部を参考にイメージを膨らませ、クラシック家具の知識を総動員してプロジェクトに臨みました。

少ない写真資料とともに、吉田と親交のあった方々にも取材し、

「3脚ある一人がけのソファのうち、吉田さんが使っていた1脚だけ形が違う」

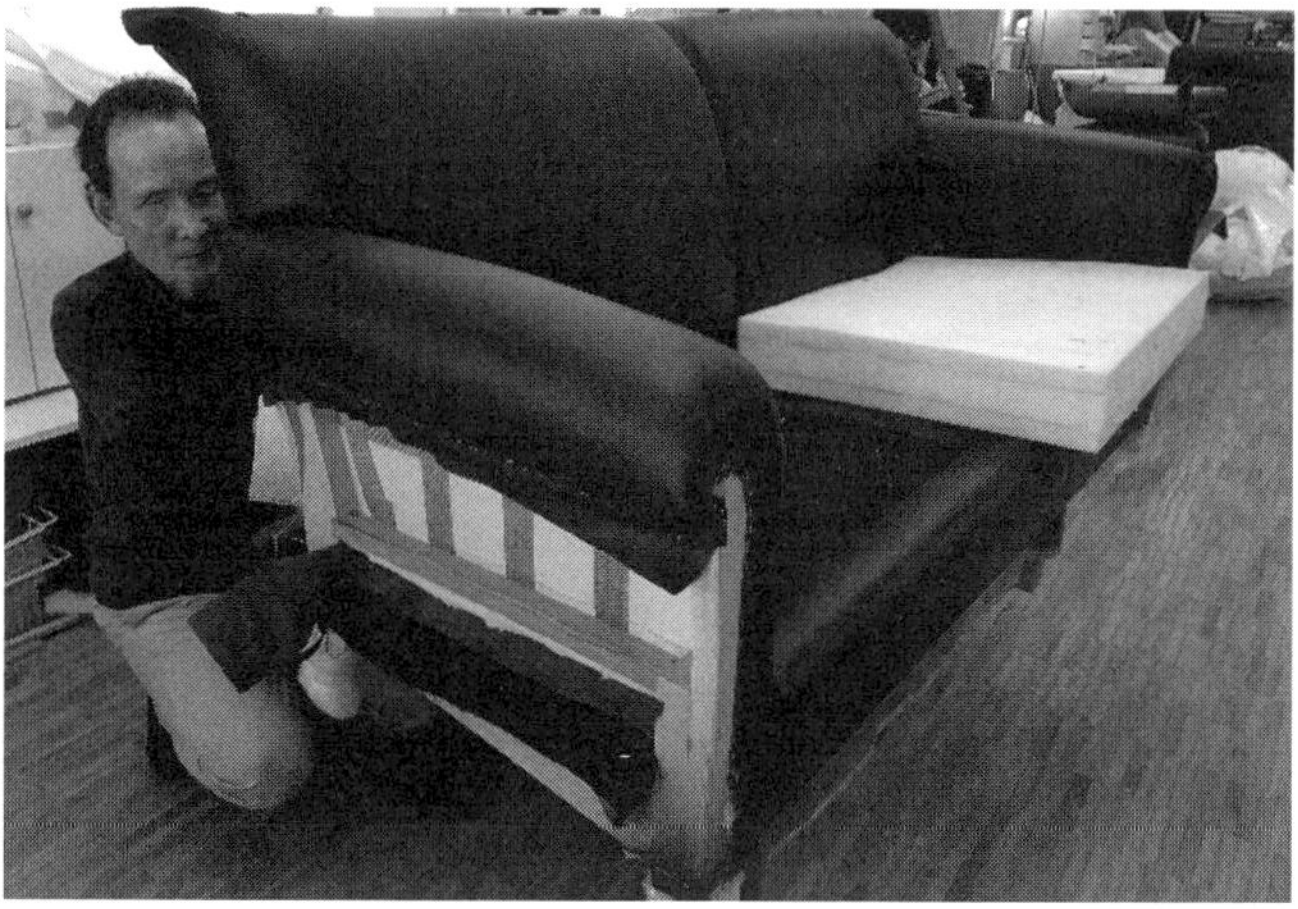
ソファの復元作業

「色は黒だった」など、貴重な証言を得ました。

さまざまな資料から、吉田が使っていたソファを伝統的な英国式のデザインであると分析し、背面が滑らかな曲線で前脚を丸めたデザインを採用しました。

そのデザインをもとに三富啓成ら専門の職人が縫製や革の張り込みなどを担当。彼らは「座り心地もよく、納得できる仕上がりになった」と胸を張りました。

このほか、リビングの3人掛けソファとアームチェアを製作、その他の家具の設計図制作にも携わりました。

製作に当たった三富は新聞のインタビューで「文化に貢献できたなら、家具職人として

山の上ホテル　改修前のロビー

最高の喜びです」と話しています。

山の上ホテルの家具復元

東京御茶ノ水の山の上ホテルは、錚々たる文化人に愛され、川端康成、三島由紀夫、池波正太郎をはじめ多くの作家が滞在して原稿を書いたことで知られています。

２０１９年12月、山の上ホテルはリニューアルオープンを果たしましたが、その際ロビーやパーラーなどの家具の修理・修復をダニエルが担当しました。１９８０年の改修時にも、ダニエルとイズミ家具インテリアが家具修理と新規家具の製造を承った経緯があったことからお声がかかりました。

今回は、ロビーやパーラー等の既存の家

山の上ホテル　改修後のロビー

具を〈家具の病院〉の一級技能士の資格を持つ熟練職人が担当。時代の流れで以前に修理された際（他社）、オリジナルとはほど遠い状態に変更されてしまったパーツ、デザイン、構造を、設置された当時の「本来の姿」に復元して修理・修復を施しました。

今では大変貴重なノルウェーのバットネ社のソファは、座面と背中クッションのデザインが本来の姿ではない状態で修理されていました。

この度修理をした〈家具の病院〉では、既に何件かのバットネ社のソファの張替事例があり、本来あるべき姿のソファの型を資料として保管していたために、速やかに修理・復元が可能となりました。

山の上ホテル　ロビー受付のデスク・椅子

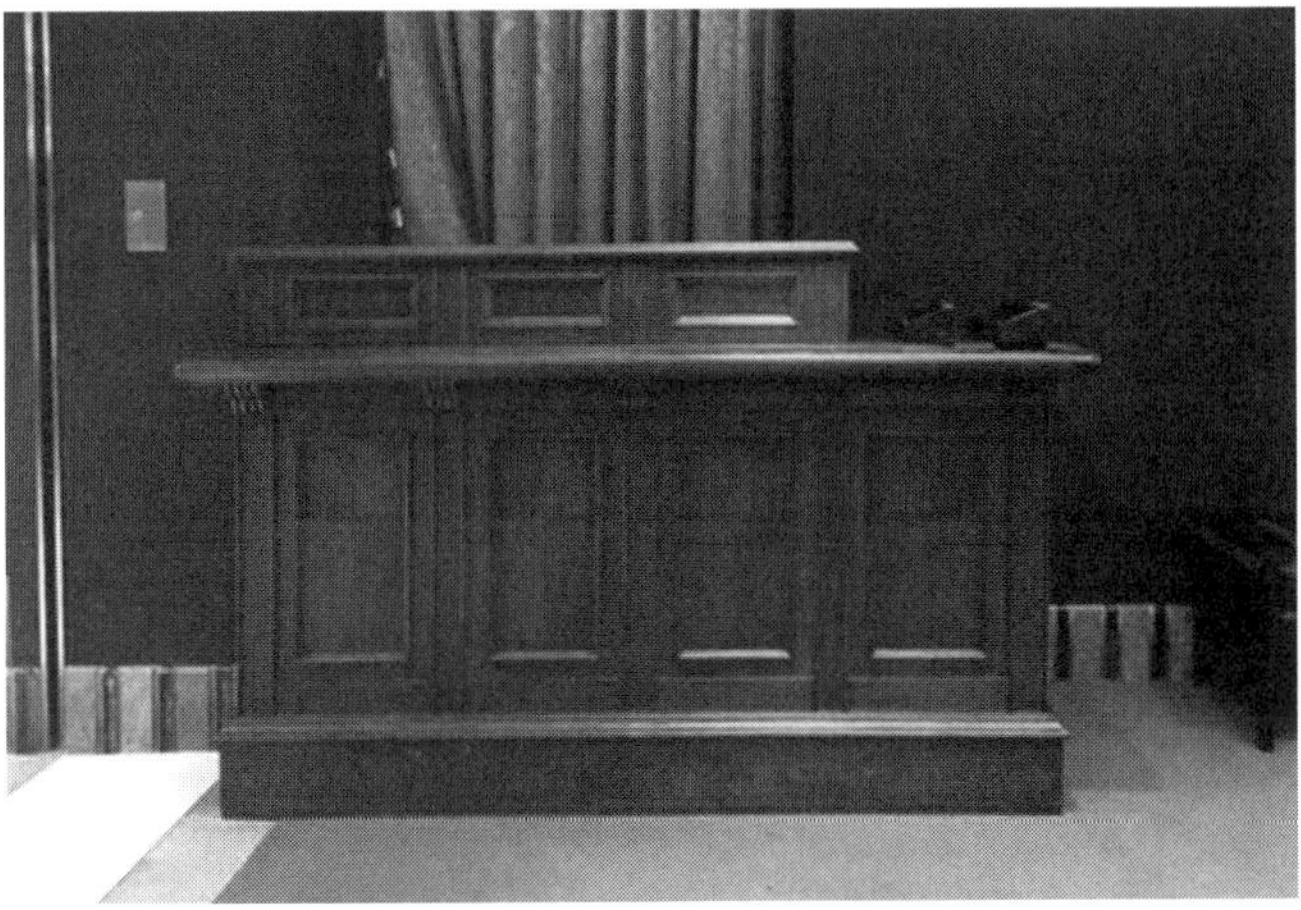
山の上ホテル　ロビーカウンター

再生された家具たちは、これからもお客様に癒やしの場を提供しつづけることでしょう。

ロビーカウンターの再生も手掛けました。出来あがってしまうとどこをどのようにしたかもわからないぐらい、既存のカウンターを活かしたものになっています。

ホテルを運営していくうえで、いろいろなケースに応じて、対応する方々が使い勝手の良いように創意工夫されて今日まで使われてきたカウンターを、今後さらに使いやすくするために、要望に応じてカスタマイズしていきました。

既存のアンティークのカウンターは、裏側が大きく空いたままの状態でした。

山の上ホテル　ロビーカウンター再生作業

山の上ホテル　フレンチレストラン〈ラヴィ〉　アームチェア

山の上ホテル　中国料理〈新北京〉　チェア

まず、受付の高さを確保するために一段高くしたカスタマー用の引き出しを作成。裏面側には、書類のサイズと用途に合わせた引き出しを製作、両側面は稼動する棚を入れて収納力も高めました。デザインも重視しつつ使いやすい形へ近づけ、まるで最初からそうであったようにリニューアルされたホテルになじんでいました。

さらに、フレンチレストラン〈ラヴィ〉と中国料理〈新北京〉の椅子も新規製作。できるだけ改装前のイメージそのままのデザインをこころがけました。

本物はどの時代にも飽きられることなく、現代にも活きるデザインと美しさを保っています。その本来の姿を取り戻し、機能的にも現在の使い方に対応する家具を製作できた喜びを私たちは噛みしめています。

横浜洋家具の椅子張り技術書

２０１６（平成28）年、ダニエルは英国家具の製法を伝える技術書『横浜洋家具の椅子張り技術書　椅子張り技術編』を発行しました。

本書はアメリカで入手した技術書を翻訳したもので、椅子の修理の過程をイラストや写真を添えて紹介しているほか、さまざまな道具や素材についても説明されています。ここ

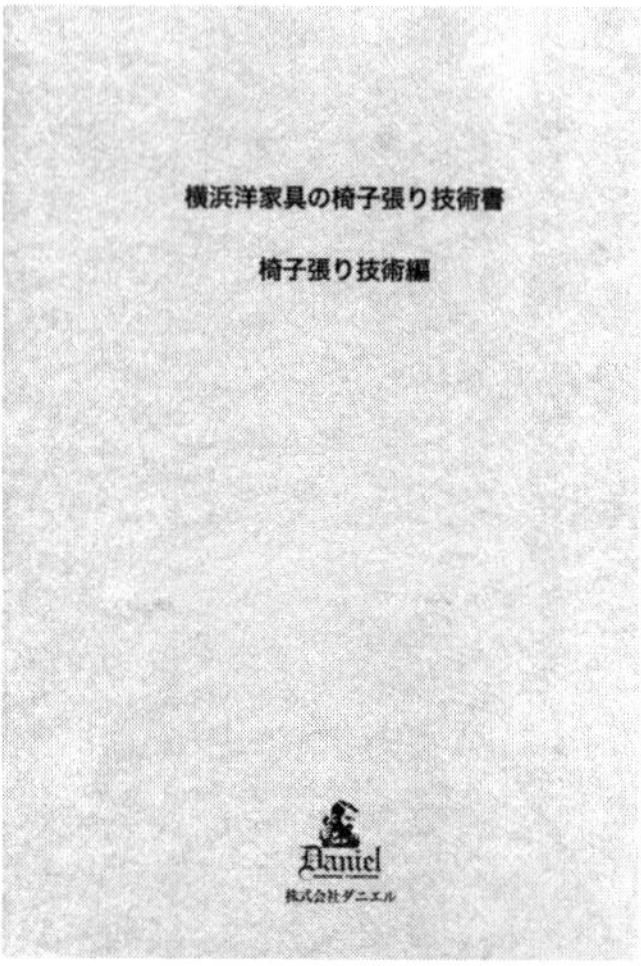

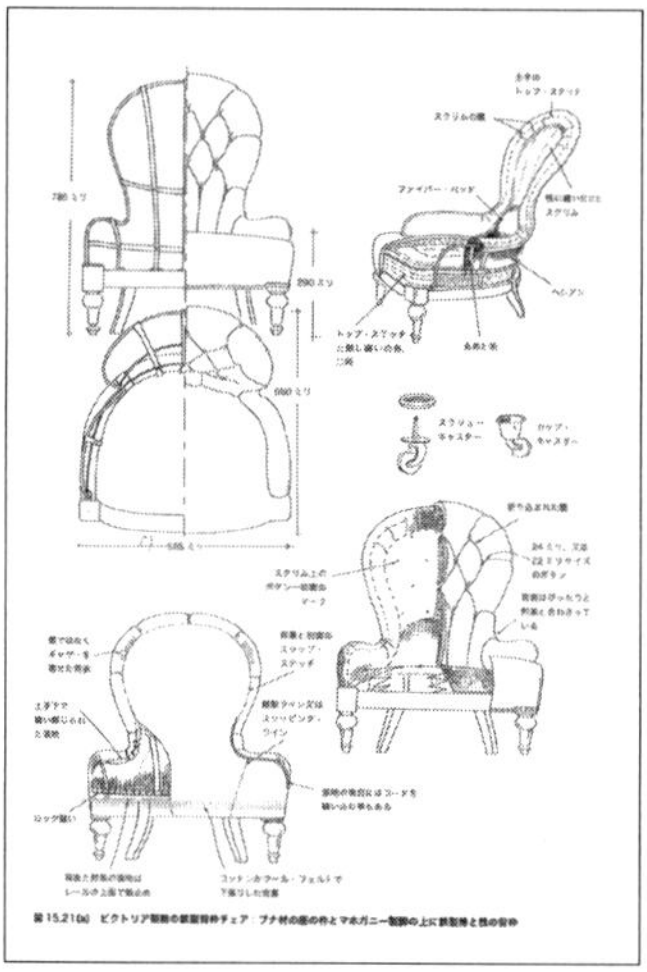

「横浜洋家具の椅子張り技術書」

まで広範囲で詳しい解説書は他にはありませんでした。

伝統的な家具づくりは職人から職人の間へ口伝えに伝えられてきました。しかし企業としては、きちんとした書物をもとに基礎を伝えることが大事です。横浜に根付いた洋家具の製造技術を活字として記録し、ものづくりの原点を次世代に継承したいという思いからこの解説書は製作されました。

本書は、ダニエルの職人の技術教育に役立っているほか、〈家具の学校〉のテキストにも採用されています。

なお、本書の製作には小坂宣雄氏に尽力いただきました。

愛され続けるブランドを目指して

家具業は、場所をとるという宿命が悩みで、荷受けをする場所、陳列する場所、木材を保管する場所、製作する場所など、膨大な敷地を所有するか、賃貸しなければなりません。だから効率だけでは厳しい経営が求められるのです。

社員一人ひとりに生きがいと、仕事への使命感がなければ、存在意義がありません。

三代目の咲寿義輝は、大量生産・大量消費の時代に、大切な方々のために、顔が見える人間関係を構築し、真心込めた家具を作ることの意味をネットなどを駆使して情報発信しています。さらに、自然と人間の関係をつなぐ家具屋の使命を直視し、多くの人々から共鳴共感をいただいて愛され、人や社会を支える大切な人間へと脱皮する努力を悩み苦しみながらも重ねて、明るい未来に挑戦している現状です。

形は違いますが、私や初代の咲寿武道が家具の世界にかけた思いは確実に引き継がれているものと信じます。

ダニエルの家具は、購入された方が感動と愛着を覚える家財としての誇りを感じておられます。

先に紹介した阿木燿子氏のコラムでも「家具には感動を与えてくれる感情がある」と記

されています。愛着を覚えた家具は家族と同じです。家族が病気になったら医者に診てもらい、必要なら入院・手術するように、家具も具合が悪くなったら入院、修理して長く使い続けたいという気持ちになります。ダニエルはそんな家具づくりを目指しているのです。

これからの時代、レトロ感覚が「癒し」や「絆」に結びつき、若い世代にも心地よさを理解される時代が到来します。

飽きずに日々挑戦する希望を描きましょう。

第3章

百年家具　ダニエル

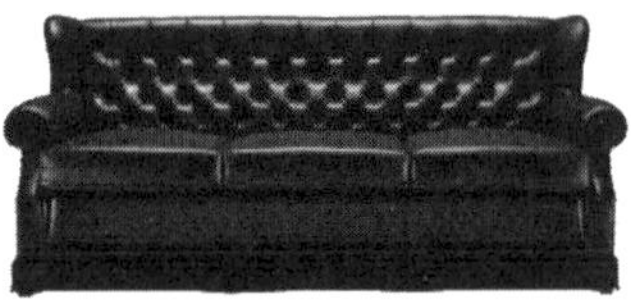

ダニエルの百年家具

ダニエル百年家具の真髄

横浜家具の伝統を受け継ぐダニエルの家具は、欧米家具に学びつつも日本人の繊細な感性を生かし、時代に影響されない飽きのこないデザインを創出して新しい横浜クラシック家具を世に問い続けています。

優れた材料と手づくりによる本物の家具、この伝統こそが三世代、四世代にわたって使用に耐えるダニエルの家具づくりの誇りであると同時に哲学なのです。

横浜に興った日本の洋家具は、素材にはカバザクラ（樺桜）やナラなどを使い、彫刻やカーブを生かした独特の伝統を伝えてきました。頑丈で使いやすいことと、いつの時代にも好まれるセンスの良さが横浜洋家具の売り物です。横浜クラシック家具は欧米の優れた家具の特徴を吸収して生かしつつ、時代を超えたいつまでも飽きないデザインを確立しました。

ダニエルは横浜洋家具の伝統を受けて木部に銘木カバザクラを使用しています。北海道の北部山岳地帯に育つカバザクラは木目がつんで美しく、堅牢で、虫がつかず、長く使用しても狂いがこないなど多くの長所を備えており、これが高い評価を得ているのです。ダニエルでは、たとえば材料が１００本分必要だとすると、さらに10本材料を用意します。より緻密で出来映えの優れた家具づくりをするためです。現在のような量産家具全盛時代では、とても考えられない話です。

幾世代にも受け継がれるよう家財として誇れる本物の洋家具を作ろうという一徹な思想が、そのバックボーンになっているのです。

ダニエルはなぜこんな凝りに凝った家具づくりをしているかというと、職人たちの創作意欲を高めるためでもあるのです。職人たちが満足していないものを商品として世の中に出すことは決してできないと考えているからです。

職人が自分で満足したものだけがダニエルの横浜クラシック家具として一般の人たちの眼に触れることになるのです。こうした家具づくりに対する真摯な姿勢が家具職人たちのひそかな喜びであると同時に、それを使用する人々の大きな満足感に直結していくのだと私たちは信じています。

ダニエルの職人たちはカンナやノミなどを自分専用の道具としてそろえています。それを自分の感覚にぴったり合った道具に作りなおして、まるで自分の手足や指でもあるかのように慣れ親しんでいるのです。

ダニエルの職人は切断から組み立てに至るすべての製作過程の確認を自らの眼と手で行います。大切なことは家具の微妙な出来具合をすべて職人の眼と繊細な指と掌でなでてチェックするということで、決して機械では見分けることができない働きです。

これは人間としてこれ以上ない高度の技術であり、出来上がった製品は木の芸術品というにふさわしい高い完成度をもっています。その根本にあるものは家具職人の木に対する深い知識と限りない愛情だといえましょう。製品に焼印したダニエルのマークはこうした職人たちの誇りと責任のシンボルなのです。

ダニエルを支える職人魂

いま、ダニエルは先人たちの血のにじむような努力の末、自らの手、目、耳、皮膚を通して会得した技能に自信を持ち、それを大切にしたいと思っています。そこには現在の大量生産、大量消費の思想とは正反対の、モノを大切にする精神、昨今話題の言葉でいえば

「もったいない」という心が息づいているからなのです。ここに横浜家具の原点があるのではないでしょうか。

幕末から明治初期にかけて、模倣から始まった洋家具製造はいまや横浜クラシック家具として押しも押されもせぬ堂々たる木のアートの域に達するようになりました。

先人のたゆまぬ努力によって作られたこの優れた伝統技術を大切に守り育て、次代へ受け継いでいくことこそが、自らに課せられた大きな使命であるとダニエルは真剣に考えています。

ダニエル職人語録

ダニエルの職人たちはこんな名言を残しています。

職人の心意気を感じ取ってください。

「ひとカンナかければ仕上がる範囲。それが熟練ってものでしょう」

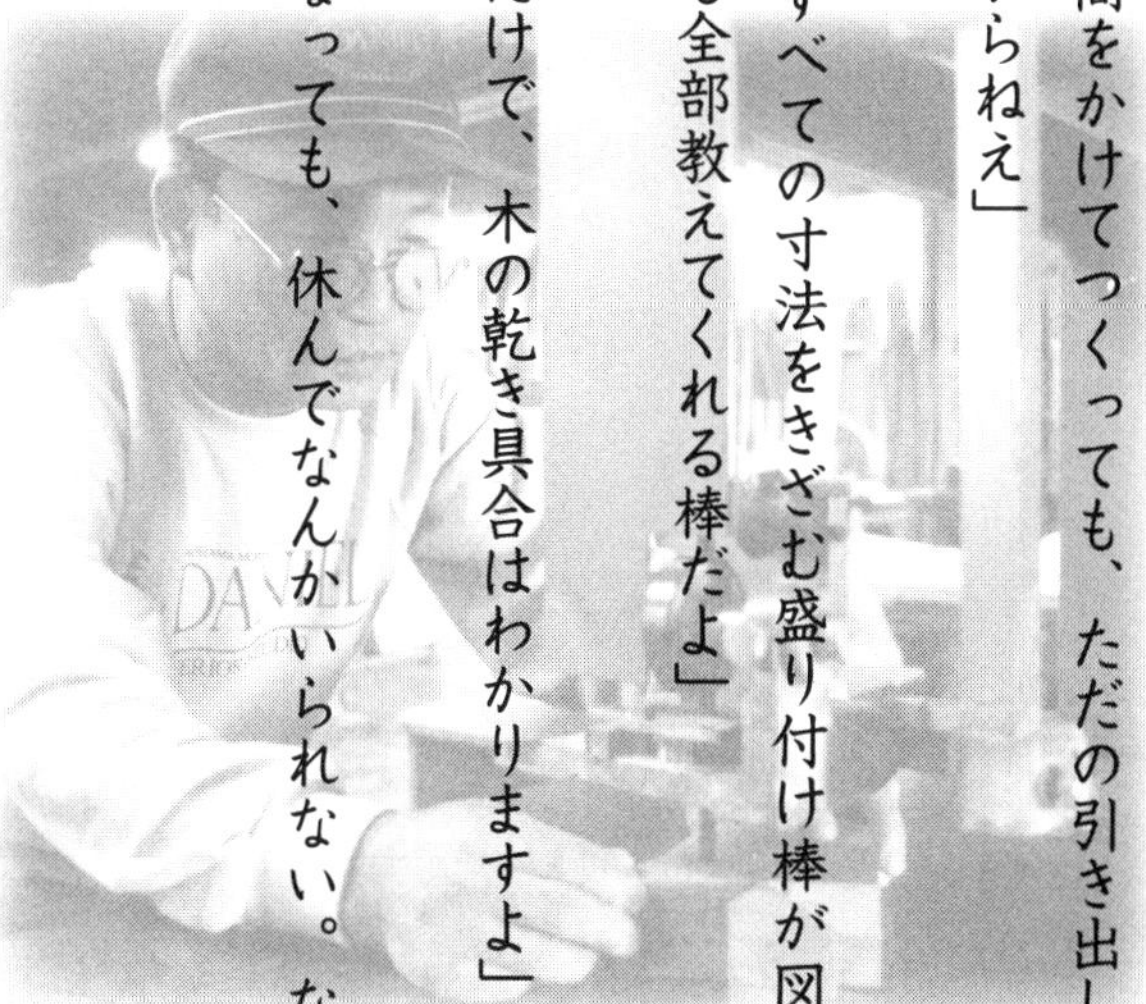

「これだけ手間をかけてつくっても、ただの引き出し、物入れには変わらないいんだからねえ」

「一本の棒にすべての寸法をきざむ盛り付け棒が図面のようなもの。数字の間違いも全部教えてくれる棒だよ」

「手で触っただけで、木の乾き具合はわかりますよ」

「休み時間になっても、休んでなんかいられない。なにか、いじっていたいんです」

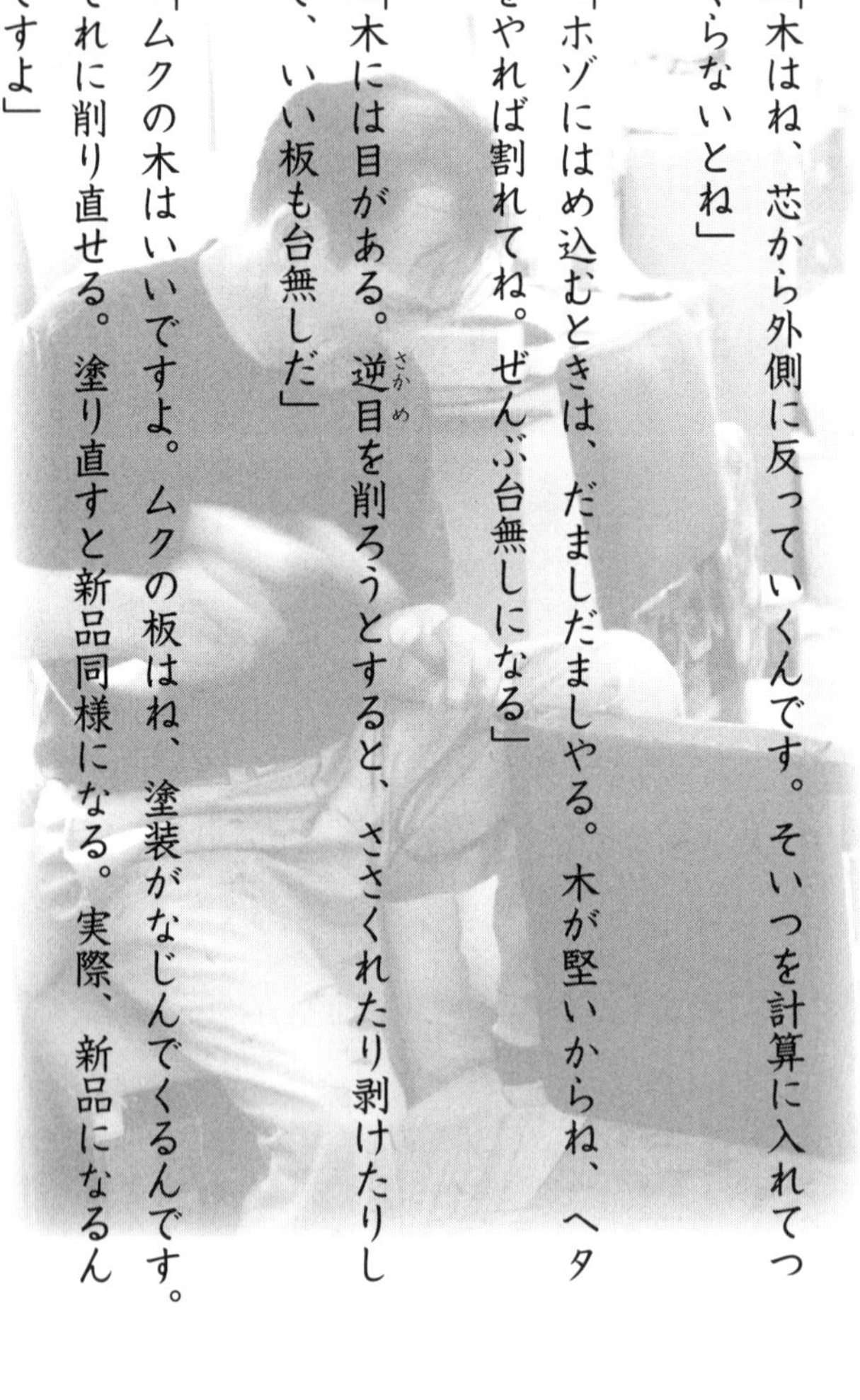

「木はね、芯から外側に反っていくんです。そいつを計算に入れてつくらないとね」

「ホゾにはめ込むときは、だましだましやる。木が堅いからね、ヘタをやれば割れてね。ぜんぶ台無しになる」

「木には目がある。逆目《さかめ》を削ろうとすると、ささくれたり剥けたりして、いい板も台無しだ」

「ムクの木はいいですよ。ムクの板はね、塗装がなじんでくるんです。それに削り直せる。塗り直すと新品同様になる。実際、新品になるんですよ」

百年家具はこうして作られる

ここからはダニエルの家具の製造過程を紹介します。随所に職人の目利きと技が光っています。

家具のよさは木で決まる——最高の素材・北海道産カバザクラ

横浜で家具を作り始めて以来、ダニエルは理想の素材として樹齢200年前後のカバザクラを北海道に求めてきました。より安価で加工しやすいホワイトオークなどを使いがちな時代にあって、私たちはいまでも頑固なまでに最良の木材を求めつづけています。なぜなら家具は、単に道具であるだけでなく、共に暮らす人のパートナーだと考えるからです。見て、触れて、いっしょに暮らす。いわば家族の一員。そして大切に使うほどに愛着が出てくるのです。

北海道産カバザクラは、木質が固い、木肌がきめ細かく光沢があり、虫が喰わないなどの特長があり、家具材として最高の素材です。

木材として使用される木は山から伐採されます。伐採と聞くとなんだか山や森を切り刻んでいるかのように聞こえますが、私たちが使用している木は、山や森を成長させるために間伐された木が主材です。秋から冬にかけて伐採され、雪を利用して斜面を滑らせ山から降ろします。

その後、木目や木の状態を確認した後に丸太を製材します。この製材には木の性質を知り尽くした職人の経験と勘が最も必要とされ、その後の木の使われ方の運命を握ります。

乾燥のさまざまな過程

製材後は約1年間かけて、木と木の間に桟板を挟み風通しの良い状態で積み上げて、含水率16％～12％になるまでゆっくりと自然乾燥させていきます。

その後に、百年使用する家具として室内環境の変化に対応できるよう、人工乾燥機で含水率が2％～3％位になるまで徹底的に乾燥させます。職人は手で触れるだけで、どのくらい乾燥しているか、良質であるかがわかるといいます。

さらに、生活環境に適応するよう木の含水率を８％になるまで保管するシーズニングという過程を経て、適度に乾燥した家具材となります。

木取りは家具づくりの花形

職人の世界では花形と呼ばれる木取り。木材のパーツ取りです。乾燥を終えた木材は、木目の流れや節の状態、その個々に持った木の特性を読みながら製作される家具のパーツごとに割り当てていきます。木目の最も美しい木材は主たるテーブルの天板や表面の面材として使用されます。その後、脚のパーツ、構造体のパーツとそれぞれの木材の適材適所を見極めていき、木に感謝しながら、余すことなく木取りしていきます。

この作業を経ていくことで、ようやく家具となる材料になるのです。

明治維新間もない日本では、洋家具を製造するための道具などもちろんありませんでした。そこで職人は自分たちの道具（大工は大工道具、馬具職は鞍造りの道具など）を用いて、洋家具の製作にあたりました。

また、海外ではすでに家具づくり用の機械も使われていました。そうした道具が無い横

職人が使用するカンナ

浜の職人たちは、鉋《かんな》を用いて木を削りながら、椅子のフレームやネコ脚、箱物家具の装飾など、西洋のデザイン性のある曲線家具を作りあげていったのです。

ですから、ダニエルの職人たちは多くの鉋を多用して家具づくりをしています。鉋は職人たちが本当に納得できる仕上げを求めて自分だけの道具を作ります。

ノミで彫る場所も多々あります。手で彫るからこそ美しい形の表現が出せるのです。そして一つひとつの部材が組み立てられ、合わせ目も平らにカンナで丁寧に削り、曲面も丹念に磨き上げていきます。

木材の組み立ては「だましだましやる」

部材を組み合わせる組み立て。それは熟練者でも緊張する工程です。とくにカバザクラは木の質が堅いので、よほど細心にしかも木の機嫌を見ながら組み立てないと割れてしまいます。ワンパターンで組み立てると、使っているうちに必ず狂いが出るのです。

ダニエルの家具は全てホゾ組による構造で組み上げられていきます。

緻密な木材にホゾとホゾ穴を掘り込み、その構造部を接合していきます。木は常に生きているため、その具合は熟練職人の勘と、今までの経験が活かされる作業です。ホゾ穴に入った後木材が膨張することを考慮し、入れる前にホゾを叩いて圧縮する「木殺し」などの技を駆使します。堅い木が相手ですので、様子を見ながら慎重にホゾをはめ込みます。これを職人は「だましだましやる」と言っています。

接合にニカワを使うときも熟練が必要です。ボンドなどの接着剤と違って独特のコツが要るのです。

ニカワは湯煎をして適温を保っておく手間がかかる上に、いざ着けるとなると瞬時に固着してしまうので、手早さとタイミングが肝心です。そのコツを会得するには、年季以外ありません。

それでもダニエルがこうした昔ながらの接着の伝統を守っているのは、長い目で見たときの耐久性、安全性、そして美しさを考えるからです。

古来、仏像をつくるときに用いられてきたニカワ。それはいまでも木と木を着ける最良の接着剤なのです。

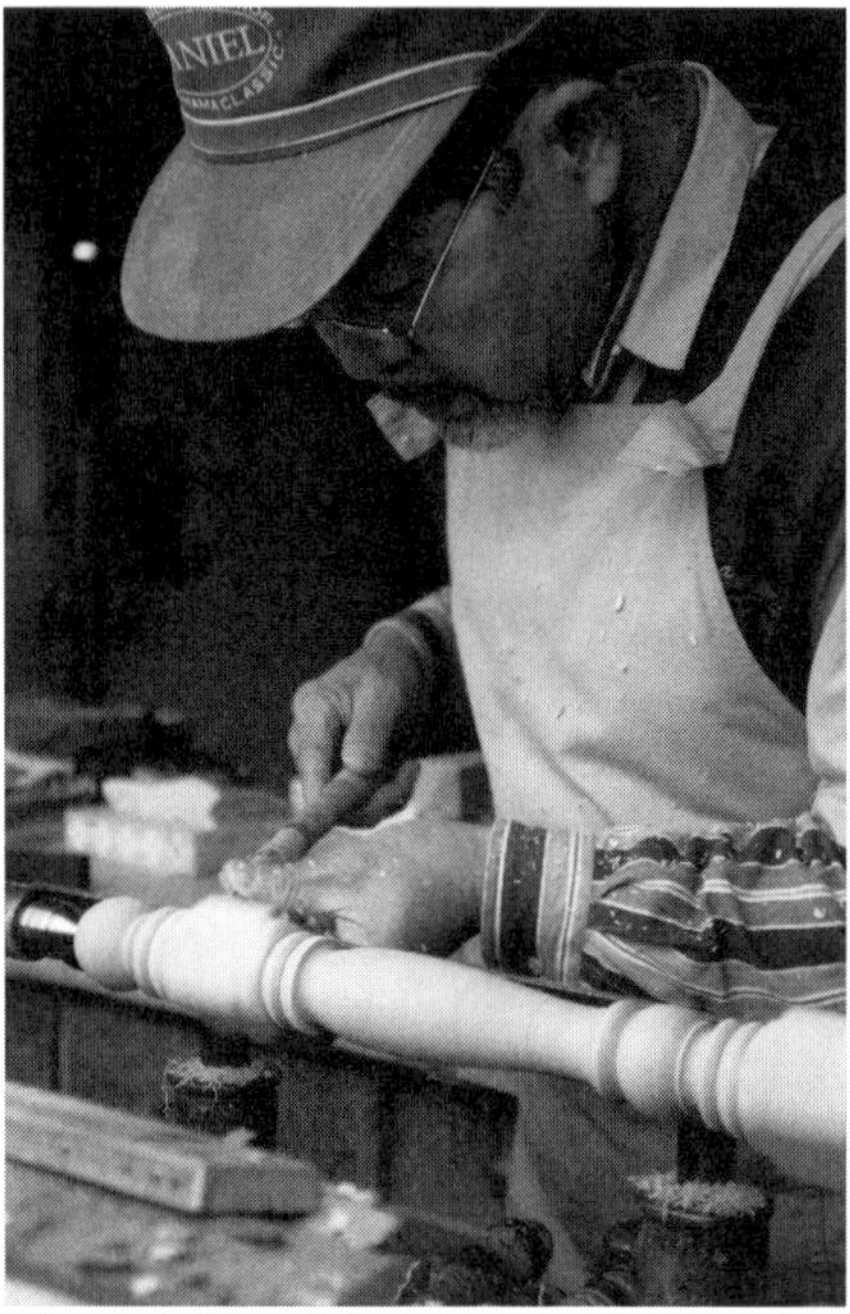

ろくろを使う挽物の作業

挽物《ひきもの》と彫刻

クラシック家具の部材には、挽物や彫刻などの仕上・装飾加工が施されています。

挽物は、椅子やテーブルの脚に見られる円柱の加工をする際に用いられる技術です。ろくろ（轆轤）を使う高度な加工ですので、専門の熟練職人が担当します。木と対話し、手の指紋が無くなるぐらい木を撫でながら、ひとつひとつ、一本一本、挽いていきます。挽物の作業に限りませんが、家具の製造作業では、見るということ、確かめるということは指と手のひらの感覚に委ねられています。機械に見分けられない微妙な具合をチェックする手。それこそ職人の貴重な財産なのです。

彫刻もクラシック家具に欠かせない要素です。椅子の背板や収納家具の表面に施される装飾彫刻は、専門の彫刻師がいるので、外注に出します。

しかし、そうした装飾ばかりでなく、実は家具には気付かれにくいところに彫刻の技が施されているのです。

例えば、上掲の家具の柱の上下のすじ彫りの飾りに見られる曲線と直線を組み合わせた彫り込みが、ダニエルの家具にはよく施されています。この曲線の彫り込みそのものは機械で行いますが、機械作業では、曲線と直線がぶつかる両側の角部分がきれいに取れず、丸くなってしまいます。その部分は手作業で彫り込むのです。

大量の家具製作を進めるときは効率が悪いので、外部の彫刻専門業者に発注することもありますが、少数の製作ではダニエルの職人がその作業をこなします。近年はこういう細かい作業を評価してくれる専門家も少なくなり残念ですが、ダニエルはそうしたところまで手を抜かず一品一品こころをこめて家具を製作しています。

今度ダニエルの家具をご覧になる機会があったら、ぜひそうした細部に着目していただければ幸いです。

家具の塗装

住まいの中に広い表面積を占める家具。そのいのちは木肌の美しさを生かす塗装です。ダニエルでは研磨から塗装終了まで、15回もの工程で仕上げています。

組み立てた家具、その木地の繊細な傷や凹みの有無を調べる木地検査、木地着色、そして一昼夜放置してなじませる油目止めなどの基礎工程をとくに徹底します。塗装でも基本

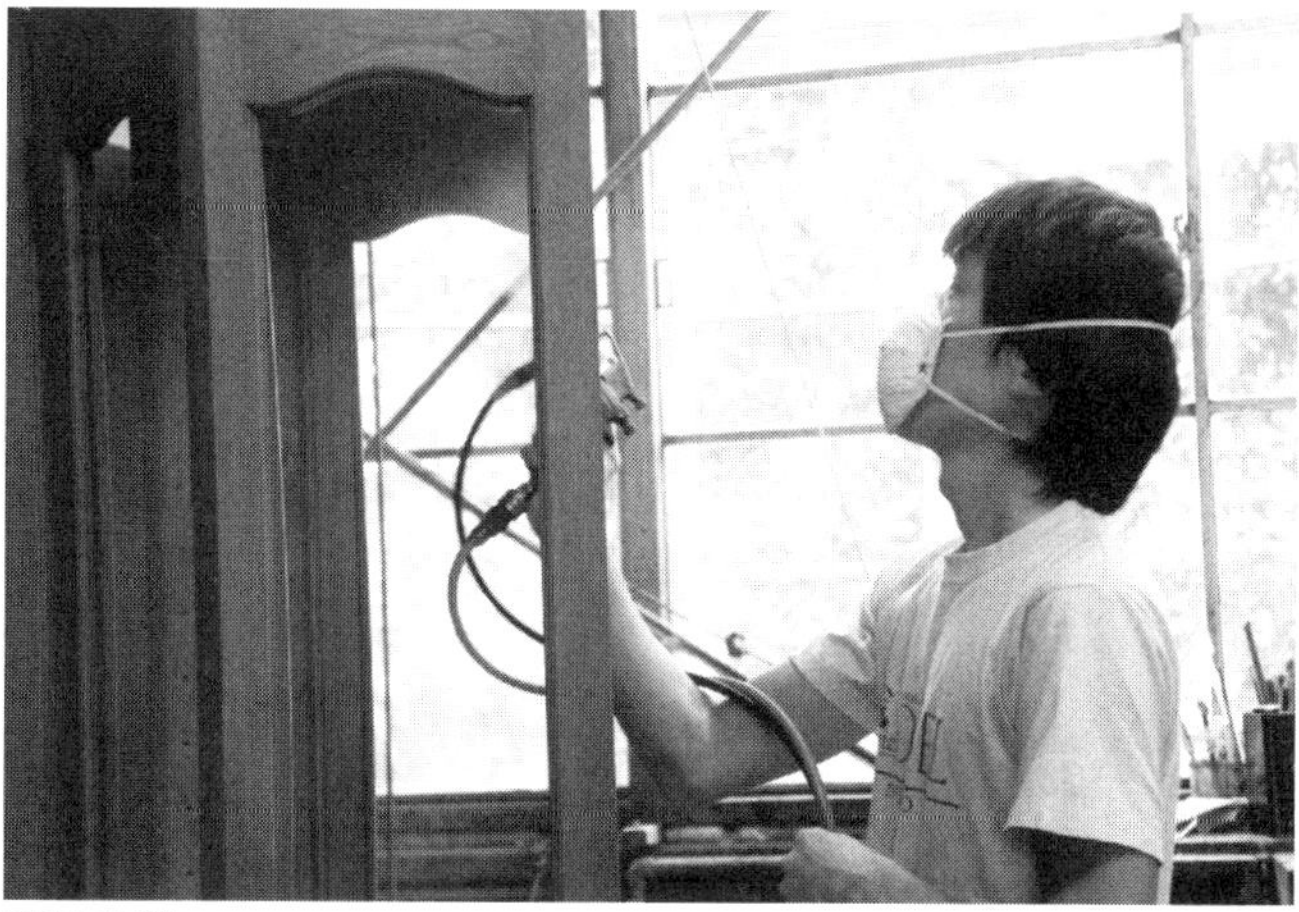

塗装作業

がいちばん大切な作業となるからです。

次いで、中塗り、上塗りと進みますが、ダニエル家具の特長である彫りの部分では、美しい陰影を表現するための特別な配慮が必要です。溝の部分は濃く、平面は薄く塗るといった芸術的なセンスも求められるのです。

乾きの早い塗料を用いる油目止めの作業はスプレーを使いますが、タンスのような大型の家具でも5分間が勝負。手早く確かな作業が求められます。

夏はさらに時間に追われます。こうした工程を繰り返すことによって、あの美しく明るいダニエル色の家具ができあがるのです。

ダニエルの家具は「歌う」と言われます。塗装の良さが木を上機嫌にするからです。

見えないところに座りの科学が

椅子張りに使用するジャガード織り、ゴブラン織りの布地は、ベルギー、ドイツ、イタリア、アメリカなどから取り寄せます。何百年もの伝統をもつ椅子の本場ならではのしっかりとした織り、飽きのこない柄がお客様に好評をいただいています。

ダニエルの家具づくりすべてに言えることですが、目に見えない部分にこそ熟練の腕がひそんでいます。

椅子張り工程ではそれは布地の内部です。クッションは各層に分かれ、適度の硬さ、柔軟な弾力、感触尊重と、役割の異なるクッション材を重ね、その上に革または布地を張ります。この素材と厚さの選択も大切ですが、座の部分は重要な手作業。座の底にはスプリングや固い麻の幅広テープがしっかりと強く張られています。腕の力とコツがものをいいます。このようにして、手の感触だけが知っているノウハウが、ダニエルの伝統とクオリティーを支えているのです。

椅子の良し悪しを見分ける最善の方法は座ってみることです。柔らかすぎず固すぎず、なんともいえない心地よい感触と反発力があります。

しかし、椅子の良否がさらにわかるのは、しばらく使ってみてからでしょう。熟練の職人が作った椅子は、過酷に使っていても、座り心地が急に変化したりしません。椅子のよさは、時間が証明するのです。

座る部分はいわば消耗品。布地は汚れたり消耗します。張り替えの時期です。木枠がしっかりつくられているダニエルの椅子は、十分張り替えが効きます。天然の良木という限りある資源を大切にすることが、使う立場からみてもよいことにつながります。よいものを見抜く眼をもつことが、家具選びにいちばん求められると言えるでしょう。

ダニエルの定番家具

幕末に来日した英国人ゴールマンが、横浜元町に欧風家具会社を設立したことに始まる横浜クラシック家具の歴史。やがて、日本人ならではの職人仕事によりその品質は大きく向上し、西洋人をも唸らせる出来栄えへと進化します。中には、愛用の家具を本国へ持ち帰る人もあったほどでした。

その後、横浜で技術を身につけた職人たちは東京に進出し、宮内庁などの仕事も請け負うほど繁栄を極めます。

ダニエルの家具は、その伝統技術と精神を

リビングルーム納品例　〈ブーツ Boots〉椅子セット、サイドボード　〈エトランジェ Etranger〉コーナーキュリオ

受け継いだ日本を代表するトラッド家具の逸品です。高い品質とエレガントな気品が、楽しく幸せなライフスタイルを演出し、いつまでも飽きることなく、幾世代にも受け継がれるにふさわしい家具なのです。

主な定番家具

ダニエルの家具は、ホームページ（http://www.daniel.co.jp/）やカタログ（お問合わせ０４５－３１１１－４００１　受付時間　９：３０〜１７：００）でご覧いただけますのでお問い合わせください。

ここでは人気の高い主要商品をいくつかご紹介するにとどめます。

リビング用ソファ、アームチェア〈レオナ Leona〉

①リビングセット

家族がいちばん長く過ごすリビングルームは、寛ぎと美しさの調和が大切です。

ダニエルが使う木材は北海道産のカバザクラ。その木を活かし、張り地の牛革や布地との調和で作り上げる仕事は、単に家具に留まらぬ職人たちの〝芸術品〟です。原木を厳選し、切り、削る。そして組み立てる。幾世代にも受け継がれていくものを作る仕事に妥協は許されないという職人の誇りが感じられます。

②クーガー（Couger）

座のスプリングが独立している「エイトウエイハンドタイド」という技法で製作。内部素材に馬毛を使用し、細部まで妥協しない逸品です。

〈クーガー Couger〉ソファ

〈エルサ Couger〉ソファ
張り方変更

クッションや張り地の変更で雰囲気ががらりと変わります。

③ブーツ（Boots）
ブーツチェアは１００年以上の歴史を持ち、外国人が和服の帯地で張って本国に持ち帰りました。昔も今も変わりなく愛されている定番です。

布地を張り替えることで、お客様の好みでカスタマイズ。思い出の帯地を利用した〈帯チェア〉（後に紹介します）もこのブーツをベースにしたものが主となっています。

④カウチ（Couch）
ちょっと横になったり、仮眠する時にも最適なソファです。カジュアルなソファで、若い層にも人気

〈カウチ Couch〉カウチラブソファ

〈ブーツ Boots〉
ワイドアームチェア

があります。

⑤ティファニー（Tiffany）

小振りのかわいいマイチェアですが、本格的なあおりのスプリングクッションを使用したダニエルならではの座り心地です。

すでにご紹介したように、パリ・ケルンの家具見本市に研修に行ったときに開発した商品で、発売当初周囲はその小ささに疑問視していましたが、私の読み通りヒット商品となりました。

⑥ビューロー（Bureau）

書斎用の家具です。

コンパクトな収納&デスク機能を有するラ

ライティングビューロー

〈ティファニー Tiffany〉
アームチェア

イティングビューローは使う方の城となります。扉を閉めれば美しいキャビネットになり、部屋の演出に最適です。

　扉を開閉するとき、ささえのうで木を同時に動かす金物は地元元町で開発されました。

⑦収納家具
　リビングダイニング用のキャビネットから、TVボード、洋服ダンス、整理タンスまで収納家具のラインナップは豊富です。

　下はアーリーアメリカンの横長整理タンスです。

横長整理タンス

特注家具&リフォーム

家具製造と販売を兼ねているダニエルの強みがオーダーメイド家具です。海外の規格だと大きすぎる。欲しい使い勝手のアイテムが見つからない。泊まったホテルの椅子が座り心地がよかったので似たモノが欲しい。そのような要望に対応したダニエルの特注家具は、近年ご要望が増えています。

また、着物の帯や、お手持ちの布地を活用して椅子張りにすることで、次の世代に受け継がれる品物になります。帯チェア、帯ダンスなど、既存商品にご希望の布地を張るというカスタムメイド家具も人気です。

さらにダニエルでは、これらの特注商品を計画する際に、お部屋のしつらえや、夢の暮らし方に合わせて、色調やデザインなどあらゆるご希望にトータルコーディネート提案も含めて対応いたします。

ここでは、ダニエルが手がけたオーダーメイド家具、カスタムメイド家具、リフォームの実例を紹介します。

特注家具ができるまで

特注ダイニングチェアを例にその製作過程を追ってみます。

「数年前に購入したアンティークのダイニングテーブルに合わせた椅子を」というのがお客様のご要望でした。

製作にあたり、ダニエルの工房見学会にもご参加いただき、ダニエルのモノづくり、横浜クラシック家具の製作工程や熟練職人の技術を確認していただきました。

全く新しいデザインも考えられましたが、今回は座り心地で気に入っていただきましたダニエルの「ミッシェルチェア」をベースに製作することになりました。

お手持ちのダイニグテーブルがイギリスのチューダー様式のテーブルで、特に脚のデザインに特徴がありました。そこで、そのデザインに合わせて、前脚の挽物のデザインをチューダー様式に変更しました。

〈ミッシェル〉チェアをベースに

通常の定番カラーでなく、テーブルやその他お手持ちの家具の色調に合うように、少し色目を濃くするという細かい配慮も施されています。

張地も、可愛がっているネコが座面の上に座っても、爪などで生地を傷めない布地を選定。柄もあり質感もある布地の選定で、木部のフレームとの相性もよく上質な椅子に仕上がりました。

お客様の事情に寄り添って、いかようにも対応する特注家具。それがダニエルの強みなのです。

チューダー様式の挽物

アンティークテーブルに合わせた特注ダイニングチェア

リフォーム、オーダー&カスタムメイド家具事例集

◎K邸

渋谷区にお住まいのKさんは、蓄音機や古いレコード、アンティークオルゴール集めが趣味で、室内にクラシックやオペラ音楽が流れる優雅な生活を送られています。

解体されたヨーロッパのお城にあったステンドグラスをリビングの窓に使いたいという希望があり、ダニエルに家具とインテリアデザインを依頼されました。

リビングダイニングの窓にステンドグラスをはめ、それをメインにダイニングセットを配置しました。窓の両側は奥様の趣味である

K邸リビングダイニング

西洋陶器、クリスタルガラスの収集品を飾るキャビネットを対称形に配置しています。

ダイニングセットは15年前にダニエルが納品したものですが、今回椅子を2脚追加しました。当時買った椅子やダイニングテーブルを当社が今でも扱っていることに、Kさんも驚いておられました。

15年経過した家具は、使い込むほどに木の光沢が現れ、味わいが増しています。追加された椅子も、時とともに他の家具と馴染んでくることでしょう。

それがクラシック家具の醍醐味なのです。

◎ミッションスタイル家具

こだわりを持って使い勝手や素材の仕様を選定されたテーブルとチェアの製作例です。

ダニエル設計室と熟練の職人が室内装飾の雰囲気に合わせてデザインした、ミッションスタイル（直線的で木の素材をいかしたデザイン家具）でご提案。既存のカウンターとの高さや背もたれの掛け心地などを考慮して寸法を出しているために、とても使い勝手がよくお客様からも高い評価をいただきました。

ミッションスタイルのテーブルとチェア

◎デスク兼用ドレッサー

お手持ちのドレクセルの家具に合わせて製作したデスク兼用ドレッサーです。

普段はデスクとして使用し、必要に応じてドレッサーに。

ダニエル設計室と熟練の職人が室内装飾の雰囲気に合わせてデザインし、お客様のご使用勝手に合わせて、デスク内の仕様にもこだわりました。

色調も、愛用している他のドレクセル家具に合わせています。

デスク兼ドレッサー

◎テレビボード

リビングの顔にもなるＴＶボード。使用されるテレビのサイズやデッキ関係の使うものに合わせてオーダーメイドが可能です。

まずはご要望をヒヤリングし、ご要望に合わせてカスタマイズします。

室内のフローリングの色やお手持ちの家具の色調に合わせて自由にカスタマイズできるところが魅力です。

テレビボード

◎カップボード

特注のカップボードです。最良質のカバ材を用い、特注色で仕上げています。幅木、腰パネル、出窓のカウンターと飾り棚を一体として設計したトータル・デザインです。

ゆったりとしたダイニングテーブルとアームチェアもダニエルの逸品。最良の天然木だけがもつ親密な美しさに人が集います。そしてこころからのくつろぎが疲れを癒し、人間性を回復させてくれることでしょう。

カップボード

◎玄関のトータル設計

下駄箱、クローゼット、幅木、腰パネル、廻縁をトータルに設計した玄関です。

玄関は接客の大切な場所でもあり、毎日の出入りを心豊かな気持ちでお楽しみください。

下駄箱、クローゼット

帯チェア&椅子張り替え

◎帯チェア

いまダニエルのカスタムメイドで注目されているのが「帯チェア」です。

明治維新の開国後、多くの外国人が日本に渡来するなか、彼らの目に留まったのが、日本人の着物や帯でした。

東洋のオリエンタルな着物の布地を、何とか自国に持ち帰りたいと考えた外国人は、着物の帯を、椅子張り地に仕立て、飾り椅子に張って持ち帰りました。

そうして誕生したのが「帯チェア」です。

当時は肘なし椅子で、ベッドサイドやエントランスに置かれる装飾的な用途でした。

帯チェア

横浜の開港150周年を記念して、2010年以来、ダニエルではお手持ちの着物の帯を椅子張り地として活用することをご提案しています。タンスの中に眠る想い出の帯をお持ち込みいただき、当時から大変親しまれてきた「ブーツチェア」や「スツール」に張ってお届けいたします。

帯地を張るカスタマイズは、チェアだけでなく、衝立やタンスなど、あらゆるご要望に合わせた形に対応いたします。お気に入りの帯地や形見の品など、捨てることができないが、なかなか使用する機会も減ってしまったモノを、少しアレンジを加えて、季節や普段使いで使いながら楽しむことができます。

帯地衝立

◎椅子の布地張り替え事例

椅子の張り地が傷んだため張り替える「手術」は〈家具の病院〉が取り扱っていますが、帯チェアのように、新品既存商品をお気に入りの布地や革に張り替えるカスタマイズも当社の得意とするところです。

ここでその事例をいくつか紹介します。

①〈ブーツ〉チェアにウイリアムモリス〈いちご泥棒〉

日本で変わらぬ人気のウイリアムモリスの布地。ダニエルの定番〈ブーツ〉アームチェアとスツールにウィリアムモリスの布地〈いちご泥棒〉を張ってみました。

②〈ブーツ〉チェアにDEKOMA

〈ブーツ〉アームチェア、スツールとポーラ

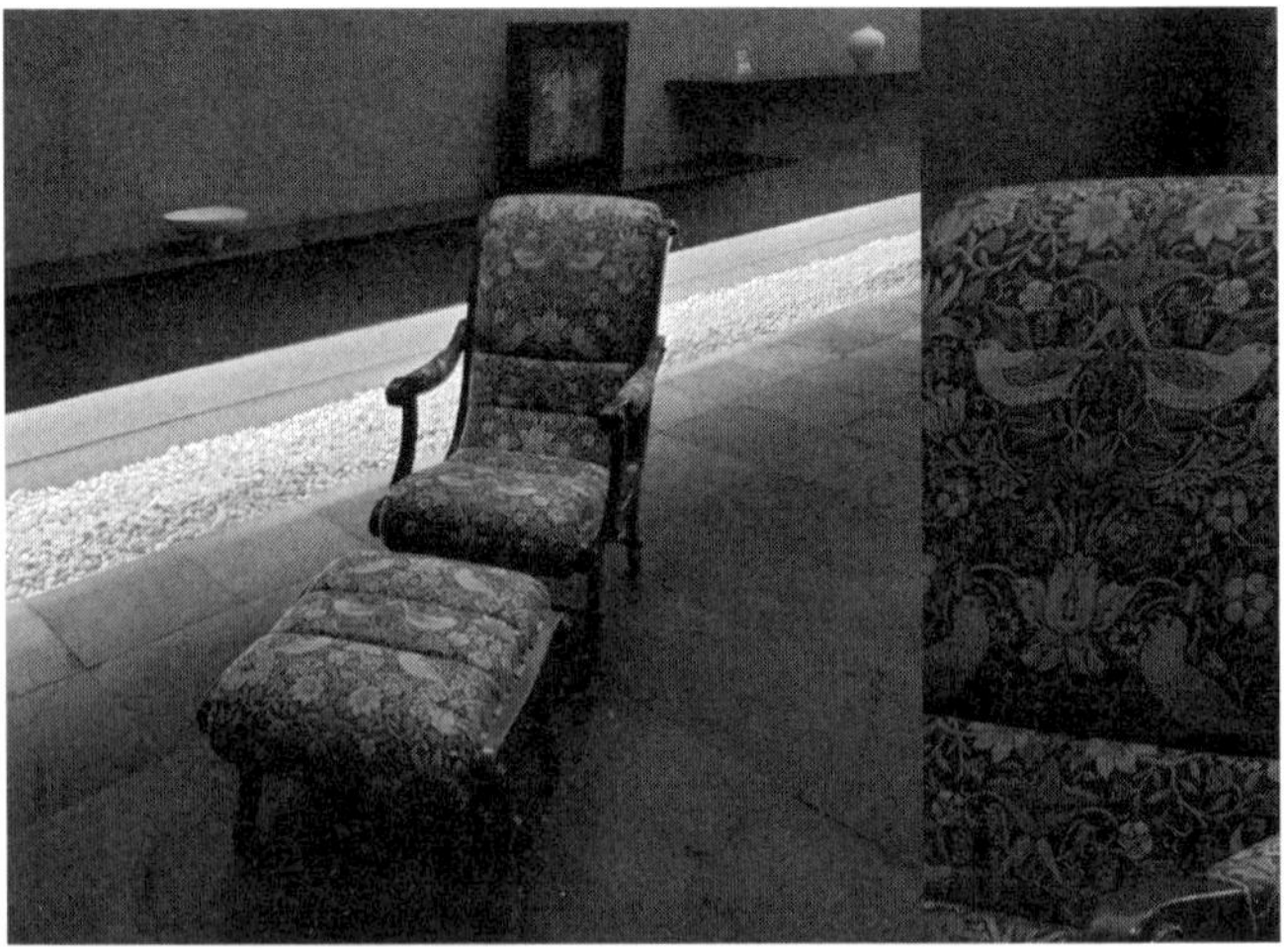

〈ブーツ〉アームチェアとスツール、張り地ウイリアムモリス〈いちご泥棒〉

ンドの布地ブランドDEKOMA社の伝統柄の組合せ。

③〈ティファニー〉ソファにTECIDO

ダニエルの〈ティファニー〉ソファに英国の人気ファブリック・TECIDOから出されている〈HARDY〉シリーズの張り地を使用。

〈ブーツ〉アームチェアとスツール、張り地 DEKOMA

〈ティファニー〉ソファー、張り地 TECID〈HARDY〉

マントルピース

部屋をゴージャスに装飾するアクセントとしてマントルピースが人気です。

ダニエルの装飾暖炉・マントルピースは、簡易設置の置き型式のため、戸建て、マンション、店舗と、置く場所を気にすることなく設置できます。

暖炉部分に暖房機能付きディンプレックス製液晶暖炉を内蔵。水蒸気の揺らめきと光の反射が本物に限りなく近い立体的な炎を再現し、実際に薪が燃えているような本格的な演出が可能です。

装飾などを全く施さないスタンダードタイプをベースに、お部屋やスタイルに合わせてオリジナル装飾暖炉ができます。カラーバリ

装飾マントルピース

エーションは12色。

設置例の右は、お好みの装飾品を選び、レンガタイルを張って、装飾の薪を添えてより本物志向にアレンジしたもの。左は壁紙ともにコーディネートした暖炉です。

このほかダニエルでは、モダンにアレンジした仏壇など、お客様のニーズに合わせた特注商品をお受け致します。

装飾マントルピース

ファブリックス――国内外の一流品を採用

正統なクラシック家具の製造にこだわるダニエルでは、椅子の張り地を主としたファブリックスも一流の国内外製品を使用しています。

特に、ベルギーのゴブラン織りメーカーとは古くから取引を続けており、ダニエルの家具をいっそう引き立ててくれます。

他にもモダンなイタリア製品や国内の高級ファブリックスの布地、革製品などを取りそろえ、お気に入りの張り地へのリメイクや壁紙への利用など、自由にカスタマイズしていただけます。

ベルギー製ゴブラン織り布地

家具の病院

家具への愛情が原点

１９８８（昭和63）年に開設した〈家具の病院〉は、モノを慈しむ心が失われてしまった現代社会を憂い、家具と人間との豊かな関係を取り戻して欲しいとの切なる思いから誕生させたものです。

家具を始めとするモノは使い込むことによって生まれる愛着が大切です。

地球環境や資源の大切さが求められている現在、安いからといって使い捨て、新しくすれば良いという考えは明らかに間違っています。家具に愛情を持ち、大切にする気持ちが感謝と慈しみの心へとつながっていき、人に優しく親切な情操豊かな人間へと自然に導いていくのです。

ダニエルは当初から、この地球の限られた大切な資源を最も有効に使うよう環境問題に最大限の配慮を払い、絶えざる努力をしています。

反対に、使い捨ての発想は自己中心主義を助長し、快楽さえ追求すればよいという思考力が欠け礼節を失った低級の人間を育て、家庭崩壊やひいては犯罪の温床にすらなりかねません。家具・インテリアは家族や人間の資質を高める重要な役割をになっています。ですから最初は多少値が張ってもよい家具を購入することが大切で、そうした家具はいつまでも飽きがこず大事に使います。そしてその家具に愛情が湧いてくるのです。家庭のしつけはまず家具からと言っても、言い過ぎではないでしょう。

家具の病院は、家具を心底愛するダニエルの経験と愛情があふれた施設です。

家具づくりが大好きなベテランの家具職人たちが時間と手間をかけ丁寧な手仕事で修理を行い、見事に蘇らせて第二の生命を吹き込んでいくのです。時には新品以上の快適さだと褒められることも少なくありません。

この家具の病院については、中学校の教科書（『新しい技術家庭』東京書籍）でも取り上げられています。

診療科目

家具の病院は、ヒトの病院に倣って「診療科目」が設定されています。

問診科
内容　家具の修理・改装・インテリアプラン・住宅の改装新築等の相談
担当スタッフ　建築士／インテリアプランナー／営業社員

椅子の張り替え科
内容　皮膚科・塗装修理／クッション・張り地の縫製／椅子の張り替え
担当スタッフ　インテリアコーディネーター／椅子張り職人／営業社員

家具の外科
内容　傷・破損の修繕／家具摩耗交換／椅子、敷物のクリーニング等
担当スタッフ　1、2級家具製造技能士

家具の整形外科
内容　全面改造／修理／塗装工事

担当スタッフ　1、2級家具製造技能士

家具の美容整形科

内容　オーダー家具／壁面収納家具／造作・住宅内装工事

担当スタッフ　建築士／プランナー／1、2級家具製造技能士／内装技能士／営業社員

診察の流れ

家具の診療をご希望の方は、下記ホームページにてまず、最短30秒でできる概算見積をご利用ください。http://danielkaguno byouin.jp/

その後の流れは次のようになります。

①概算金額を確認後、無料診断のご依頼

②担当者がお宅へお伺いし診断（無料）

③後日、内容・入院費用をカルテにてご連絡

④決定後、入院手続き・引き取り（修理費の3分の2を手付金としていただきます）

⑤入院（各課で専門の職人が治療をします）
⑥退院・再生完了（修理費の残金をいただきます）

家具の病院　ドレクセル家具・修繕例

家具の病院で修繕・リメイクした家具の一例をご紹介します。

アメリカの有名家具メーカー・ドレクセル社のパーティチェアの修繕と布地張り替えをご依頼いただきました。
ドレクセル社のクラシック家具は、ダニエル家具同様、将来にわたり永く愛着を持って使い込まれながら、美しさと価値を高める家具です。その美しくクラシックな雰囲気は家

リメイク前のドレクセル社・パーティチェア

の顔にもなる家具です。

ドレクセル社は、現在日本国内での家具製造販売を終了しているため、最高級家具を正統な方法で修理・修復する手段が見つからず、ダニエル〈家具の病院〉へ多数のご依頼が日本全国から届いています。


今回は、古くなった布地の張り替えを主に、各部の修繕と塗装の塗り直しを行います。

まずは、丁寧に既存の張地を剥がしていきます。

すると驚いたことに、その前に張られていた布地がそのまま出てきました。当然、クッション材のウレタンも古いまま。

この椅子は、以前に一度張り替えをされた

既存の張り地を剥がすと、以前の他工房での修理のずさんさが露呈

そうですが、請け負った工房や企業が、しっかりと元の張地を剥がさずに上から新しい布地を張り込んでいくことで間に合わせてしまったのです。

確かに張地を剥がす手間はかなりかかります。元の張地をきれいに剥がすためには、全ての鋲や針を一つ一つ抜かなければなりません。でもこれをしない限り、クッション材のウレタンやウェビングテープ（ウレタンを支えるベルト）の交換もできません。

前回の修理は、コスト削減の手抜きといえます。本来の家具修理とは程遠い残念な仕事でした。

剥がす作業を終えた椅子は、塗装のハゲが

張り地、クッション材を剥がした状態。塗装は塗り直しが必要

目立ち、キズも多数ありました。そこで、塗装の一級技能士による塗装修理を施しました。さらに、熟練の職人たちの手によって価値を損なうことなく修理・修復が行われ、希望された黒の革張りを施して、従来の重厚なドレクセル家具として蘇りました。

修理前の様子と比較していただければ、クラシック家具を「百年家具」と表現する理由がおわかりいただけるでしょう。

クラシック家具のケアはダニエルへ

この一例だけでも、〈家具の病院〉の手厚いケアを実感していただけたのではないでしょうか。

ダニエルでは自社製品に限らず、他では扱えないクラシック家具の修理、リニューアルをお引き受けしています。熟練の技術者が、あなたの大切にしている家具をみご

選定された黒の革張りで張りあがったドレクセル家具

とに蘇らせることでしょう。まずは、当社ホームページにて無料の概算見積を取ってみてはいかがでしょうか。

本物の家具は家族同然に愛され、大切にされるものです。ぜひ皆様にも、そんな貴重な家具との出会いがありますよう、心からお祈り申し上げます。

おわりに

私の叔父・咲寿武道は生前、横浜クラシック家具の復興とダニエルの誕生から躍進までの歩みをまとめ、出版する望みを抱いていました。しかし、家具業界発展のために邁進していた咲寿には、著作に専念する時間がありませんでした。

その願いを咲寿に代わって実現したいという思いが常にありましたが、私も咲寿同様の仕事人間です。忙しさにかまけて、なかなか実行に至りませんでした。

しかしようやくその機会が訪れました。

長男の咲寿義輝に事業を継承し多少の余裕もできたことから、叔父の思い出やダニエル経営の経緯などを思いつくままに書き綴り、どうにか本書の出版にこぎつけました。

この本は、私の著作であるとともに、横浜クラシック家具の復興に情熱を燃やした咲寿武道の著作でもあるのです。

咲寿は家具業界の牽引車であり、家具業界の良心でもありました。良質の家具を作り、まっとうな方法で販売し、お客様の愛する家具を最後までケアすることに腐心しました。ビジネス第一主義に流れがちな風潮に抗い、私も咲寿の遺志を引き継いでここまでやってきたつもりです。その思いを少しでも本書で伝えられたら幸いです。

本書の出版にあたっては、数多くの方の尽力をいただきましたことを感謝申し上げます。そして、ダニエルを応援し、盛り上げてくださったすべての方々に、あらためて感謝の意を表します。ありがとうございました。

令和三年十月十四日

高橋保一

咲寿　武道　プロフィール

1915（大正　5）年　10月9日生
1934（昭和　9）年　私立麻布中学卒業（旧制）
　　　　　　　　　港メリヤス製作所（旧保土ケ谷ナイロン㈱）勤務
1943（昭和18）年　有限会社湘南木工所　取締役
1950（昭和25）年　神奈川県家具協同組合　理事長
1951（昭和26）年　湘南木工所株式会社　代表取締役社長
1967（昭和42）年　湘南木工所株式会社　代表取締役会長
　　　　　　　　　社団法人全国家具工業連合会　会長
1969（昭和44）年　神奈川県家具工業組合　理事長
1972（昭和47）年　通商産業省中小企業近代化審議会　専門委員
1973（昭和48）年　株式会社ダニエル　代表取締役社長
1974（昭和49）年　藍綬褒章
1978（昭和53）年　社団法人神奈川県産業貿易振興協会　会長
1979（昭和54）年　社団法人全国家具工業連合会　理事名誉会長
1985（昭和60）年　かながわの名産100選協議会　会長
1994（平成　6）年　株式会社ダニエル　代表取締役会長

株式会社ダニエル　沿革

1925（大正 14）年　ダニエル初代社長・咲寿武道　合資会社湘南木工設立。

1945（昭和 20）年　戦災により工場焼失。 横浜市西区岡野に工場再建。

1947（昭和 22）年　湘南木工株式会社設立。(株式会社に組織変更)。

1967（昭和 42）年　横浜元町の小売店舗・泉屋を買収。イズミ家具インテリアに改称。高橋保一同社に入社。

1973（昭和 48）年　株式会社ダニエル設立。全国市場へ販売開始。

1974（昭和 49）年　伊勢原市鈴川工業団地内に湘南木工株式会社工場建設。

帝国ホテルシアターでダニエル新製品発表会
1977（昭和 52）年　イーセンアーレン社と提携
1979（昭和 54）年　晴海ジャパンインテリアセンター（JIC）にショールーム〈ダニエル晴海〉開設
1981（昭和 56）年　渋谷パルコ Part3 オープンにともないアンテナショップ〈パンハウス〉開設。

1994（平成 6）年　東京都新宿区のリビンダセンター OZONE にショールーム〈ダニエル東京〉開設。

1995（平成 7）年　高橋保一社長就任。

1998（平成 10）年　〈家具の病院〉開設。

1999（平成 11）年　モーションチェアのトップメーカー、アメリカ・レイジーボーイ社と業務提携。

2000（平成 12）年　アメリカトラディショナル家具・スティックレー社と日本総代理店契約。

2002（平成 14）年　英国・アーコール社と日本総代理店契約。

2003（平成 15）年　〈家具の学校〉開校。

2005（平成 17）年　〈ダニエル虎ノ門ショールーム〉開設。

2017（平成 29）年　旧吉田茂邸　家具復刻・製造納品
2019（平成 31）年　山の上ホテル改修工事　家具納品・修理

高橋《たかはし》　保一《やすかず》　プロフィール

1942（昭和 17）年　11 月 9 日　東京都麻布で生まれる。
1960（昭和 35）年　東洋大学法学部入学。
1964（昭和 39）年　東京コカ・コーラボトリング㈱入社。
1967（昭和 42）年　㈱イズミ家具インテリア入社。
1995（平成　7）年　㈱ダニエル代表取締役社長就任。
2021（令和　3）年　㈱ダニエル代表取締役会長就任。

神奈川産業振興センター 評議員
東洋大学 評議員
神奈川県家具協同組合 副理事長

横浜クラシック家具・ダニエルのあゆみ
元町家具屋の今昔物語

2021 年 11 月 25 日　初版発行
著　　者　高橋　保一
発 行 人　大西　強司
制　　作　株式会社かもす　三島俊介
編　　集　加賀美康彦
営業担当　大西　邦高
発 行 元　とりい書房
〒 164-0013　東京都中野区弥生町 2-13-9
TEL 03-5351-5990　FAX03-5351-5991
http://www.toriishobo.co.jp
印　　刷　シナノ印刷株式会社

ISBN 978-4-86334-133-3　C0095
Printed in Japan